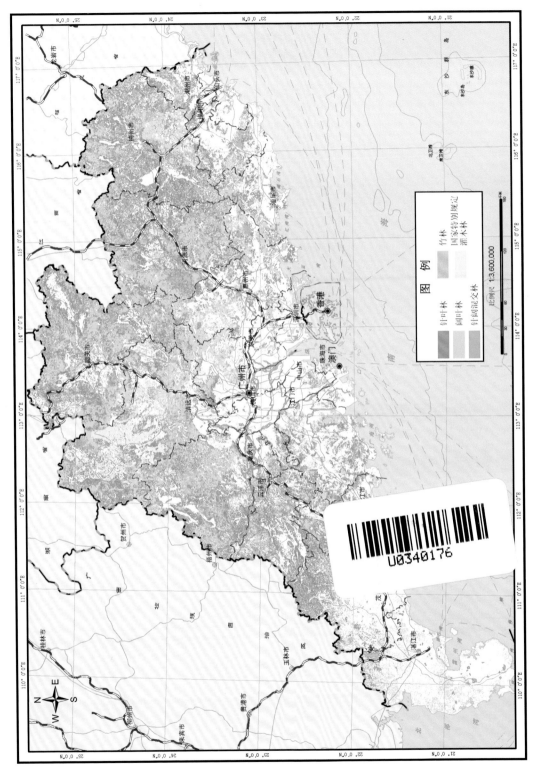

广东省森林分布图

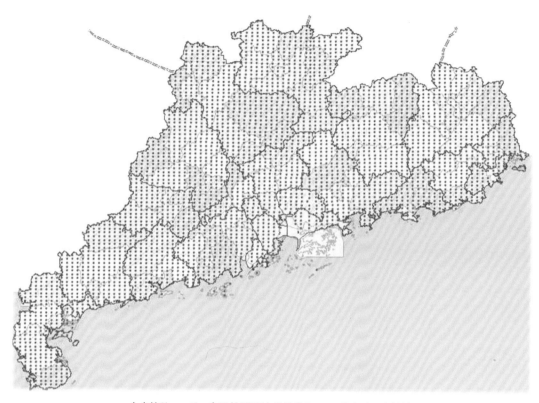

全省按6km×8km布设的3685个边长为25.82m的方形固定样地

样地实景图

试点方案论证会

试点技术培训

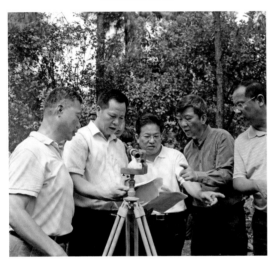

领导视察外业工作

外业调查技术指导

外业调查实况

试点成果评审会

"森林资源与生态状况综合监测理论与实践"系列丛书

GUOJIA SENLIN ZIYUAN YU
SHENGTAI ZHUANGKUANG ZONGHE JIANCE

国家森林资源与生态状况综合监测(2012)

——广东试点研究

肖智慧　薛春泉　熊智平　刘凯昌　主　编

李清湖　杨加志　汪求来　王　琪　副主编

中国林业出版社

图书在版编目(CIP)数据

国家森林资源与生态状况综合监测(2012)——广东试点研究 / 肖智慧等主编.
– 北京：中国林业出版社，2013.12

（森林资源与生态状况综合监测理论与实践系列丛书）

ISBN 978 – 7 – 5038 – 7336 – 2

Ⅰ．①国…　Ⅱ．①肖…　Ⅲ．①森林资源 – 监测 – 广东省 – 2012 ②森林生态系统 – 监测 – 广东省 – 2012　Ⅳ．①S757.2 ②S718.55

中国版本图书馆 CIP 数据核字(2014)第 001476 号

责任编辑：于界芬

电话：(010)83229512　　　传真：(010)83227584

出　版：中国林业出版社(100009 北京西城区德内大街刘海胡同 7 号)
网　址：http：//lycb. forestry. gov. cn
发　行：中国林业出版社
印　刷：北京卡乐富印刷有限公司
版　次：2013 年 12 月第 1 版
印　次：2013 年 12 月第 1 次
开　本：787mm×1092 mm　1/16
印　张：9
字　数：157 千字
定　价：50.00 元

编委会

序

Foreword

　　森林是陆地生态系统的主体，是陆地上最大的生态系统。森林生态系统的健康不可避免地受到全球变化，包括气候变化、环境污染以及人类活动等等的影响。包括森林质量在内的森林健康的监测评价是制定和修改生态系统恢复或重建政策的重要依据，是社会可持续发展的一项必要内容。

　　从 20 世纪末开始，欧洲启动了空气污染对森林影响的长期监测和评价项目（ICP Forests）。国家林业局在 1999 年设立《森林资源监测指标体系和先进技术的引进》项目，翻译和汇编了大量有关 ICP 项目的内容。我国有世界上最大的森林资源监测系统，如何将森林健康监测和评价纳入我国的森林资源监测系统，建立我国森林资源与森林生态综合监测与评价系统，为提升森林的可持续经营水平和恢复与重建我国森林生态系统服务成为一个重要课题。

　　广东省林业调查规划院于 2002 年率先进行了构建我国森林资源与森林生态状况综合监测与评价的研究。结合国家森林资源连续清查第五次复查工作，增加森林生态状况监测因子，从单一森林资源监测向森林资源与生态状况综合监测转变。生态状况因子调查也纳入2003 – 2004 年全省森林资源二类调查。从 2003 年起，由省林业厅向社会发布《广东省林业生态状况公报》。2007 年，结合国家森林资源连续清查第六次复查工作，国家林业局确定在广东开展森林资源与生态状况综合监测试点。之后，森林生物量、森林生态功能等级、森林植物多样

性、森林自然度和森林健康度等试点指标内容纳入全国第八次森林资源一类清查技术规程。2012 年，在开展第七次连续清查复查工作的同时，继续完善国家森林资源与生态状况综合监测试点工作，优化了生态状况监测指标体系，分析了广东省森林植被碳储量和碳汇潜力，测试了基于大样地区划的森林面积和蓄积的技术方案，探索了不同森林资源监测体系的协调性并且开发了基于平板电脑(iPAD)的连续清查数据信息化采集和管理系统。

"森林资源与生态状况综合监测理论与实践"系列丛书，是广东省林业调查规划院这十多年实验研究的技术总结。丛书从不同专题进行归纳，内容丰富、方法科学、结论可靠，在森林资源与生态状况综合监测方面具有一定的创新性。本套丛书的出版，可供森林资源监测专业人员、林业科技工作者和林业院校师生参考。

中 国 科 学 院 院 士

中国林业科学研究院研究员　唐守正

2013 年 8 月 12 日

前　言

Preface

　　林业具备生态、经济、社会、碳汇和文化五大功能，是生态建设的主体，是重要的公益事业，又是重要的基础产业，肩负着优化生态和促进发展的双重使命，在国民经济和社会可持续发展中具有不可替代的作用。

　　传统的森林资源清查是我国森林资源调查的最重要方法之一。在长期森林资源清查过程中所建立起来的理论体系强有力地支撑着我国林业调查事业的发展。随着经济社会发展、科学技术进步和人民生活水平的提高，社会对森林资源与生态状况信息的需求也是日益增长，与时俱进，吸收先进技术，不断创新，建立和完善森林资源与生态状况综合监测体系，更好地满足社会对加快林业发展、改善生态状况的要求越来越迫切。

　　根据《国家林业局森林资源管理司关于做好2012年全国森林资源清查工作的通知》（资调函〔2011〕86号）和《第八次全国森林资源清查2012年清查前期工作会议纪要》的精神，2012年广东省开展第七次连清复查工作的同时继续国家森林资源与生态状况综合监测试点工作。2012年4月《国家森林资源与生态状况综合监测广东试点技术方案》通过专家论证，并获得国家林业局批复。6月，《国家森林资源与生态状况综合监测广东试点暨广东省森林资源连续清查第七次复查操作细则》获得国家林业局中南院批复，并开展技术培训。6月至11月开展外业调查，12月以后开展专题研究和总结，编写试点研究报告。2013年7

月，试点研究成果通过专家评审并上报国家林业局。综合监测试点工作从技术方案编制、操作细则编写、技术开发与培训、外业调查、数据处理到研究报告编写，历时一年半。

综合监测试点研究包括试点技术路线、技术方法、技术总结、成果推广应用，以及森林生态状况监测指标体系构建，森林面积、蓄积年度出数，森林资源监测体系数据协同，广东森林植物碳汇潜力研究，森林资源清查数据信息化采集，广东森林植物多样性等专题。

本研究是广东省自 2002 年以来对森林资源与生态状况综合监测的不断研究、实践和探索，为国家森林资源与生态状况综合监测提供经验与借鉴。本次试点研究工作得到国家林业局森林资源管理司、国家林业局调查规划设计院、国家林业局中南林业调查规划设计院、华南农业大学、中南林业科技大学、广东省林业厅等单位的大力支持，藉此聊表谢忱。

由于试点研究所涉及的内容繁多，领域宽广，加之作者水平所限，时间仓促，其中难免存有瑕疵，敬请各位同仁指正。

编者

2013 年 8 月 12 日

目 录

Contents

序

前言

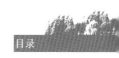

绪 论

第一节 试点研究背景

森林是陆地生态系统的主体，是长期以来人类和多种生物赖以生存和发展的资源与环境基础。在很长一段时间内，人类将森林看做是物质资源的重要来源，关注的是最大限度地获取其木材收益，并由此提出森林可持续经营理论，目的是为了持续地获取木材资源。随着社会对生态环境的日益重视和对森林生态、经济、社会功能认识的不断提高，森林经营已经从过去着眼于木材资源开发转向注重多种资源利用，从单纯追求经济效益发展到社会、生态和经济多种效益并重，并向综合效益可持续发展方向迈进（刘安兴，2006）。

在当前全球生态环境恶化和气候变暖的背景下，森林的生态功能得到前所未有的关注，其具备的吸碳放氧、保持水土、涵养水源、净化空气、保护生物多样性等功能对改善生态环境和缓解全球气候变暖的重要作用已成为国际社会的共识。但是，据联合国《2000 年全球生态展望》数据，全球森林已从 76 亿 hm^2 减少到 38 亿 hm^2，减少了 50%，表明在高强度的人类生产活动下，森林面积正逐年减少，难以满足人类文明需求。1992 年的《联合国气候变化框架公约》和 1997 的《京都议定书》，均要求各国在减排的同时，采取多种手段增加森林面积和蓄积量，提高森林改善生态环境的能力。2007 年《国际森林文书》和《巴厘路线图》又再次强调加强森林保护，减少毁林，遏制森林退化，加快已毁森林的恢复进程，提高森林可持续经营水平。

改革开放以来，中国经济社会发展取得了巨大成就，经济总量已处于世界前列，但自然资源的消耗与日俱增，环境污染日益严重。全世界 20 个污染严重的城市中有 16 个在中国。中国成为世界上 CO_2、SO_2 和 NO 污染最严重的地方（翰·庞弗雷特，2008）。2012 年 11 月，党的十八大报告中提出，把生态文明建设放在突出地位，融入经济建设、政治建设、文化建设、社会建设各方面和全过程，努力建设美丽中国，实现中华民族永续发展。这是中国为应对气候变化作出的一项重要承诺，也进一步表明森林在中国应对气候变化中的战略地位和作用。早在 2007 年，胡锦涛主席在第 15 次 APEC 会议上提出了"建立亚太森林恢复与可持续管理网络"的重要倡议，并承诺到 2010 年中国森林覆盖率要达到 20%，被国际社会誉为应对气候变化的"森林方案"。同年 6 月，国务院发布了《中国应对气候变化国家方案》，把林业纳入全国减缓气候变化的 6 个重点领域和适应气候变化的 4 个重点领域当中。同年 10 月，国务院又发布了《中国应对气候变化的政策与行动》，明确了林业是中国适应和减缓气候变化行动的重要内容。

为实现胡锦涛主席对我国森林覆盖率和森林蓄积量增长目标的承诺，国家林业局 2009 年 11 月 6 日正式发布了《应对气候变化林业行动计划》。其中明确提出，到 2020 年，中国森林覆盖率达到 23%，森林蓄积量达到 140 亿 m^3；到 2050 年，比 2020 年净增森林面积 4700 万 hm^2，森林覆盖率达到并稳定在 26% 以上。同时还提出实施林业减缓气候变化的 15 项行动及林业适应气候变化的 7 项行动，包括大力推进全民义务植树、实施重点工程造林、扩大封山育林面积、提高人工林生态系统的适应性以及建立典型森林物种自然保护区等。

国家森林资源监测作为我国林业建设和森林资源管理的一项重要的基础性工作，是发展现代林业、建设生态文明的支撑和保障。监测成果是制定我国林业发展战略、林业建设方针政策以及国民经济和社会发展宏观决策的重要依据。历次清查统计汇总并公布的全国森林覆盖率、森林面积、森林蓄积、人工林天然林资源和森林资源消耗等主要结果，既展示了我国林业和生态建设成就，也让社会公众和相关国际组织了解我国森林资源基本状况，同时也为我国林业参与国际事务、履行国际公约、彰显负责任大国的风范奠定了基础。

第二节　国际森林资源监测现状

国际森林资源监测经历了从森林面积和木材蓄积监测，逐渐过渡到多

资源或多功能监测，再向与林业可持续发展相适应的森林资源与生态系统综合监测发展的过程（廖声熙等，2011）。20 世纪 70 年代以前，森林资源监测以获取森林面积和木材蓄积信息为主要目标。20 世纪 70 年代到 80 年代中期，多数林业发达国家森林资源监测以获取多资源信息为主要目标。20 世纪 80 年代中期以后，由于环境问题的突出，人们逐渐意识到森林作为一种环境资源的重要意义，开始将森林生态状况信息的获取作为监测的主要目标之一。

国外森林资源监测的发展趋势大体上表现在 3 个方面：监测体系的综合化、监测周期的年度化和高新技术应用的集成化（舒清太等，2005）。监测体系的综合化，表现为监测内容日益丰富、跨部门的协同合作和信息共享。传统的森林资源监测重点主要是森林面积和蓄积，然而，目前监测内容已经扩展到森林生态系统的各个方面，如森林健康、森林生物量、生物多样性、野生动植物和湿地资源等。监测周期的年度化，表现为一些先进国家逐步将监测周期缩短到 1 年，即进行年度监测。高新技术应用的集成化，表现在高新技术如遥感、地理信息系统和全球定位系统等的综合应用，野外数据采集仪的应用也越来越多。

一、美国森林资源监测

美国的森林资源清查经历了由以森林面积和木材蓄积为主的单项监测到多资源监测，再到森林资源与健康监测 3 个阶段（肖兴威等，2005）。

美国的森林资源清查与分析（Forest Inventory and Analysis，FIA）最早开始于 19 世纪 30 年代，以州为单位逐个开展资源清查，到 20 世纪 90 年代，美国大部分地区进行了 3 次资源清查，最多的地区进行了 6 次，目前平均清查周期为 10 年。20 世纪 60 年代以前，森林资源调查的重点是木材，多数州和区域的清查成果主要是提供森林面积和木材蓄积数据。随着人们对森林资源内涵认识的提高和社会需求的增加，20 世纪 60 年代和 70 年代，森林资源清查的对象发生了较大的变化。1974 年颁布的《森林与草地可更新资源规划条例》（Forest and Rangeland Renewable Resources Planning Act）强调，森林资源清查与分析（Forest Inventory and Analysis，FIA）应该提供森林与草地上的各种资源信息，包括木材、牧草、水、野生动物栖息地、游憩等；1978 年颁布的《森林与草地可更新资源研究条例（Forest and Rangeland Renewable Resources Research Act)》要求开展更大范围的资源清查，从而标志着森林资源清查的对象由以森林面积和木材蓄积为主的单项监测转为了多资源监测（USDA Forest Service North Central Research Station，

2003）。

随着公众对大气污染、病虫害、火灾和其他灾害对森林健康影响关注程度的日益提高，美国林务局依据1988年《森林生态系统与大气污染研究条例(Forest Ecosystems and Atmospheric Pollution Research Act)》，从1990年新英格兰州试点开始，逐步建立了一个覆盖全国的森林健康监测体系(Forest Health Monitoring，FHM)。FHM是一个由各州和联邦机构合作建立的独立监测体系。全国使用统一的监测方法，监测森林健康状况和森林发展的可持续性。

FIA与FHM开始时相互独立，直到1998年，美国在《农业研究推广与教育改革法》中提出了一个新的综合FIA与FHM的森林资源清查与监测系统(FIM)。它采用统一的核心监测指标，统一标准和定义，每5年提交一次监测报告(William A. Bechtold，2003)。FIM主要有3个功能：一是通过年度调查，实现年度监测森林生态系统变化情况；二是由州有林与私有林管理司所属的森林昆虫管理(Forest Pest Management)项目组负责寻找变化原因；三是结合其他定位观测资料，对森林生态系统的过程和机制进行长期研究。新的森林资源监测体系于2003年开始采用。

FIM的设计特点是，综合原FIA与FHM，采用全国统一的系统抽样的三阶抽样设计。第一阶为航空相片和卫星图像样地，主要用于获取辅助信息进行分层(林地、非林地)；第二阶为地面调查样地，抽样强度约为每2428.1 hm²(6000英亩)一个样地，只有地类为林地的样地才建立固定样地进行调查。主要调查因子包括土地利用、林分状况和立地、每木调查、生长、枯损和采伐等。第三阶样地为第二阶地面调查样地的一部分，每16个二阶样地中取1个为第三阶样地，主要进行树冠调查、土壤调查、苔藓群落调查、林冠下植被调查、臭氧生物指标调查和枯枝落叶调查等。每个州每年都调查20%的固定样地取代原来每年调查若干个州的固定样地，每1年和每5年产出一次资源清查报告(William A. Bechtold，2003)。

二、德国森林资源监测

德国的森林调查始于1878年。初期是采用询问调查方式，其结果作为纳税的基础。随后几十年，逐步发展为主要在国有林、集体林、规模较大的公司所有森林中进行的比较系统的森林经理调查。为解决小林主调查不规范等问题，德国于20世纪60年代开展了全国林业监测。20世纪70年代，德国发生的大面积森林衰亡现象促成德国于80年代初率先开展国家森林健康调查。1961-1974年在东德采用抽样方法进行了大范围的森林资源清查，到 1984 年才明确规定用抽样方法，按统一方法、标准、程序进行全国森林资源清查（王彦辉等，1998；张会儒等，2002）。

德国的森林资源环境监测体系分为 3 个层次，第 1 个层次是高斯大地坐标系为基准建立的系统性网状抽样（16km×16km、8km×8km 或 4km×4km 密度）的监测样地体系，称为大规模森林状态监测体系，简称水平 I 监测体系；第 2 个层次是在典型的森林地区建立固定观测样地进行的森林生态系统强化监测体系，简称为水平 II 监测体系；第 3 个层次是为研究森林生态系统过程的一般问题，由一些集中的研究组织和研究场地构成（郑小贤，1997；陆元昌，2003）。

德国国家森林资源环境监测体系主要包括 4 个方面的内容：一是全国森林资源清查，样本呈方阵设置，即 150m×150m 方阵，进行分层双重抽样。一重样本是方阵的样线估测层面积；二重样本是角规和同心圆样地估测各层的特征值。二是全国森林健康调查，在 4km×4km 的森林资源清查样地上进行的，为了避免对森林清查工作的影响，将损害调查样点向北移 200m，从样点中心向东、南、西、北 4 个方向各引 25m 为观察点，每个观察点上选择附近 6 株样树进行观察。三是全国森林土壤和树木营养调查。全国采用 8km×8km 网格系统样地。为了与森林损害调查相结合，在 16km×16km 网点上，与森林损害调查的中心点重合。每一样地，要记载样地情况，挖土填坑、记载土壤结构，并取土样，收集样树叶，目测树冠损害情况。四是典型的森林资源与环境监测网点，包括联邦环境局的测量网、联邦和州之间的森林受害研究和生态系统研究中心以及国际合作框架下的欧洲范围内的环境监测网络 3 个层（郑小贤，1997；王彦辉等，1998）。

三、瑞典森林资源监测

瑞典在 1923 – 1929 年建立了覆盖全国的国家森林资源清查体系（NFI）。从 1953 – 1962 年开展第三次清查时，为解决前两次调查全国时间不统一问题，同时为获取全国年采伐量，抽样设计引入了方阵法（Tract System），每年进行一次全国调查。从 1923 – 1982 年，国家森林资源清查的所有样地都是临时的。1983 年开展第六次清查时，对 NFI 抽样设计进行了改进，同时使用临时样地和固定样地，开始对样地进行定期复查，产出动态成果。为了尽可能地利用国家森林资源清查的抽样体系框架，瑞典农业大学森林资源管理和地球空间信息学系与森林土壤系开始进行"国家森林土壤和植被调查（SK）"项目合作。1983 – 1987 年间，在常规调查小组

中增加一个调查队员，专门完成森林土壤和植被调查任务。在23500个固定样地上进行了森林土壤和植被调查，建立了相应的数据库。1993年修改的《森林法》，增加了森林环境和生物多样性的内容。有关这方面的内容已逐步加入到清查系统中，从而使瑞典的林业发展从侧重追求经济效益转变为经济、生态、社会效益并举（Bo Eriksson，1985；Department of Forest Resource Management and Geomatics［EB/OL］，2003）。

近10多年来，瑞典林业调查部门逐渐将注意力转向森林生态环境和生物多样性方面，有关这些方面的内容也逐步加入到清查系统中。目前，瑞典已将建于1962年的森林土壤调查系统（MI）与原国家森林资源清查系统（NFI）合并组成新的国家森林资源清查系统（RIS）。RIS新的国家森林资源清查系统是一个全国性的森林资源和土壤清查系统，清查内容涵盖森林和土壤调查、生物多样性监测以及森林和土壤碳储量估计等（Department of Forest Resource Management and Geomatics［EB/OL］，2003）。

瑞典的RIS体系以全国为总体，从北到南划分为5个副总体，观测单元为方阵和样地。它们由固定和临时方阵（样地）组成。南部（间距5km）的方阵布设密度比北部（间距10km）的大，方阵边长比北部的短，样地数量比北部的少。调查方阵布设在国家版图上的所有地区，包括所有的陆地和湖泊以及沿海水域。每年大约调查2300个方阵，其中固定方阵和临时方阵的数量基本相等（GÖran kempe等，1992；Nils-Erik Nilsson等，1993）。

清查的主要内容包括土地利用现状、立木材积生长量、林龄及其结构、立地条件、植被情况、森林采伐、生物多样性及其环境条件等，有大约200项调查因子（Variables）。这些调查因子按数据结构分为以下7个模块：立地因子模块，经营作业面积因子模块，蓄积、生长和枯损模块，更新调查模块，年采伐量模块等。除了常规林木和生产经营因子外，还有植被与土壤调查模块及其他适合搭载的调查项目，主要有森林和森林土壤受空气传播的硫和碳酸氧化物、臭氧、重金属影响等（GÖran kempe等，1992；Nils–Erik Nilsson等，1993；Department of Forest Resource Management and Geomatics［EB/OL］，2003）。

四、欧盟森林健康监测

1986年开始启动的泛欧洲国家采用同一方法的"空气污染对森林影响评价和监测（ICP Forests）"项目，目的是监测泛欧洲国家的森林健康状况。其具体目标有3个：一是在地方级、国家级和国际区域这3个水平上，深

入了解森林健康状况的时空分布及其与包括空气污染在内的胁迫因素之间的关系；二是更深入地认识空气污染和其他危害因素对森林生态系统的影响及其因果关系；三是探索和理解在空气污染及其他危害因素影响条件下森林生态系统各组分之间的相互关系（ICP，1986）。最初 ICP 项目包括了欧盟的 15 个国家，目前已有 35 个成员国和欧洲委员会（EC-European Commission）参与。

ICP 项目构造了 3 个水平的监测层次。水平Ⅰ：对不同森林组分（林冠健康状况、土壤条件、叶片和针叶的元素含量）的基本参数进行调查，目的是获得与森林健康状况时空变化有关的结果。通过对覆盖一个国家（不同密度的国家网格）和整个欧洲的森林系统抽样（16km×16km 的网格）进行逐个样地的低强度监测。水平Ⅱ：目的是认识森林生态系统功能中的关键因素和过程的强化监测，主要通过对一定数量的且在其分布区域内具有代表性的永久性监测样地监测完成。水平Ⅲ：对特定的森林生态系统进行研究分析，目的是深入了解空气污染影响的因果关系，途径是建立一些适合于详细研究生态系统内所有组分之间复杂的相互作用的永久样地，并开展包括生态系统平衡在内的相关研究工作（Programme Coodinating Centres，1994；Dc Vries W，1999）。

五、其他林业发达国家森林资源监测

世界各国由于森林所有制的不同，因而所采取的森林资源管理的组织形式也是不同的。日本以私有林为主，私有林主具有高度的经营自主权，政府通过行业管理部门（包括行业协会等）对私有林的经营进行指导，通过法律来约束私有林主的经营管理行为。在森林资源监测的组织形式上，各国也有差异，有委托大学森林调查学科完成的，有由常设（芬兰、日本）和非常设（瑞士）专业调查队伍完成的，也有如加拿大、奥地利等国家是各省（州）独立进行森林资源调查，由联邦进行全国森林资源统计和分析。调查间隔期一般为 5~10 年，森林资源调查费用由国家预算中支出。

林业发达国家的森林资源监测方法可归纳为 3 种：一是国家森林资源连续清查方法（Continuous Forest Inventory，CFI）；二是利用各省（州）的森林资源清查数据累计全国的方法；三是根据森林经理调查（森林簿）结果累计全国的方法。日本、法国和北欧各国采用第一种方法；加拿大、奥地利等国则是各省（州）独立进行森林资源调查，利用 GIS 等进行全国汇总；前苏联及东欧各国采用第三种方法。主要监测内容有：林木评价、树干测定、树冠测定、指示物种、灾害、林下植被、年轮分析、森林土壤理化性

质和森林健康等(周昌祥等,1994;朱胜利,2001)。

第三节 国内森林资源监测现状

一、国家森林资源监测现状

20世纪50年代至60年代,我国借鉴前苏联的森林调查技术方法,进行地面实测和航空测量,完成了第一次全国森林资源普查工作。20世纪60年代中后期,我国森林资源调查引进以数理统计为理论基础的抽样技术,组织大规模试验和实测验证,并取得了成功。根据我国林业建设对森林资源调查的信息需求,同时为获取连续可比的森林资源动态变化信息,从20世纪70年代开始,我国采用世界公认的"森林资源连续清查方法",建立了以省(自治区、直辖市)为调查单位、每5年复查1次的国家森林资源连续清查体系。此后,森林资源连续清查是我国国家森林资源监测的主体,由国家林业行政主管部门统一部署,各省(自治区、直辖市)林业主管部门负责组织本地区森林资源连续清查。以省(自治区、直辖市)为单位进行,每5年为1个调查周期,采用抽样技术系统布设地面固定样地和遥感判读样地,通过定期实测固定样地和解译遥感判读样地的方法,在统一时间内,按统一的要求查清全国森林资源宏观现状及其消长变化规律,其成果是反映和评价全国及各省(自治区、直辖市)林业和生态建设的重要依据(肖兴威,2005)。

我国森林资源连续清查始于1977年。到2008年,全国已经开展了7次森林资源清查工作,覆盖了祖国大陆全部国土范围。第七次森林资源清查工作在全国范围内共调查固定样地41.50万个,遥感判读样地284.44万个,形成了完备的森林资源连续清查体系(陈雪峰,2000)。经过30多年的建设,全国森林资源连续清查技术手段与建设初期相比有了明显提高,特别是遥感、全球定位、地理信息系统、数据库、数学模型等新技术的广泛应用,使监测的效率和质量得到了大幅度的提高。

森林资源连续清查的内容主要包括反映森林资源基本状况的地理空间因子(如地理坐标、地形地貌、海拔等),土地和林木权属,土地利用类型与面积,立地条件,植被覆盖度,森林类型、林种、蓄积量、树种、林龄、树高、胸径、郁闭度、森林更新等林分因子,森林生长量、枯损量、

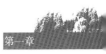

采伐量等动态变化因子，并逐步增加了土地荒漠化沙化状况、湿地资源状况、病虫害等级等内容(国家林业局森林资源管理司，2003)。

2006年国家林业局完成了《全国森林资源和生态状况综合监测体系框架研究》，为清查体系的发展奠定了坚实基础。全国第七次森林资源清查增加了反映森林健康、森林质量、生态功能、植物多样性等方面的调查内容，进一步完善了有关技术标准和调查方法，清查体系基本实现了由单一的林木资源调查向多资源、多目标、多效益综合监测发展。全国第八次森林资源清查按照体系建设总体思路和基本框架，于2012年在广东省开展了综合监测试点工作，在推进综合监测体系建设进程上迈出了具有实践意义的一步。

二、广东森林资源监测现状

广东省森林资源连续清查体系始建于1978年，并分别在1983、1988、1992、1997、2002、2007、2012年进行了7次复查。清查体系采用系统抽样方法，全省范围内按6km×8km布设了3685个面积1亩(约0.0667hm²)的正方形固定样地。1988年以前，广东省森林资源连续清查体系包括海南副总体(林俊钦，2004)。

2002年，根据本省林业发展和森林生态建设需要，在提供满足国家需求的森林资源连续清查成果外，广东率先提出了森林生态状况宏观监测的思路。对森林生态状况监测进行探索与实践，在每个样地中增加了森林自然度、森林生态功能等级、森林健康度、森林植物物种多样性、森林生境指数、枯枝落叶层厚度、土壤物理肥力、林地土壤侵蚀状况、森林植物生物量等调查因子，开展了森林植物储碳放氧量、森林植物储能量、林地土壤调水蓄水量和森林保育土壤量等内容的监测工作(林俊钦，2004)。

2007年，国家确定在广东开展森林资源与生态状况综合监测试点，除完成了上述因子的复查外，重点扩展和完善了林地土壤理化性质、植物物种多样性、森林水文、森林碳汇与碳储量、森林植物储能量、叶面积指数、森林景观生态等内容监测。部分生态状况监测指标被纳入全国第八次森林资源清查技术规程，为在全国利用连续清查体系开展森林资源与生态状况综合监测起到示范与推广作用。

广东省于2003年建立森林资源与生态状况年度综合监测体系，全省抽取1/8固定样地，利用固定样地和固定地籍小班，结合森林资源档案更新和专题调查、典型调查，编制全省森林资源与生态状况综合监测报告，并发布全省年度林业生态状况公报。2004–2012年每年均开展了此项工

作。森林资源与生态状况年度综合监测已成为广东省每年常规监测工作。

第四节　试点研究目的意义

一、试点研究目的

（一）构建森林生态状况监测指标体系，为全国开展第九次清查提供借鉴

自2002年广东在全国首次开展生态监测以来，经过多年的发展，综合监测的因子数量不断扩充，因子数量多达90个。主要监测因子包括林地土壤因子；森林结构（群落结构、树种结构、自然度）、森林生态功能等级、森林健康状况；生物多样性（植被类型多样性、森林类型多样性、乔木林按龄组多样性、乔木林按林种多样性、森林群落植物多样性）、森林生物量、林地土壤侵蚀状况、森林生态系统健康与综合防灾减灾能力；沙化、石漠化和湿地类型的面积和分布及其动态变化等（林俊钦，2004）。然而，数量众多的监测因子，明显增加了外出调查工作量。内业统计也存以下问题：部分生态状况因子依托固定样地开展调查，抽样精度达不到要求；各指标之间可能存在着一定的相关性，部分因子是通过计算获得；部分因子的评定过程主要依靠人为判断，受主观因素影响较大。

针对上述问题，本次试点研究拟结合广东省生态状况多期动态监测数据，综合研究现有监测因子的科学性、可行性、实用性、可比性、针对性，进行生态状况监测因子筛选和优化，构建广东省森林生态状况综合评价指标体系，为广东省发布年度林业生态信息提供依据，为开展全国第九次连续清查提供经验和借鉴。

（二）探索森林面积、蓄积年度出数方法，为森林资源约束性指标考核提供参考

林业双增目标，即增加森林面积和增加森林蓄积量，已成为考核各级党委和政府的约束性指标。"双增"指标的考核需要及时掌握森林资源情况，这给森林资源监测提出了新的要求。

因此，本次试点尝试一种新的森林面积、蓄积量年度出数方法，期望其可为森林资源年度约束性指标考核提供一个思路。该方法通过机械布设 $2km \times 2km$ 大样地进行遥感区划和实地验证调查，最终每年产出森林面积、

蓄积数据。在试点基础上，总结广东省近几年来年度出数的经验，进一步完善年度出数的技术，形成科学可行的、操作性强的省级森林资源年度出数方法，为森林资源约束性指标考核提供参考。

（三）探索不同森林资源监测体系数据的协同性，为推进全国森林资源一体化监测积累经验

目前，全国各省一类调查与二类调查两个体系基本上是独立运行、互不衔接的。因此，国家与地方的监测结果存在不一致的两套数，且往往二类调查数据偏大。两套数据的存在，容易造成行业内部数据使用混乱，产生国家决策与地方实施断层、规划与计划不符以及经营与管理脱节等问题。因此，试点针对当前一类调查与二类调查数据存在偏差的问题，开展不同森林资源监测体系数据协同性分析，为协调国家监测体系与地方监测体系、完善监测技术与方法、加强森林资源经营管理等提供科学依据。

（四）分析广东省森林植物的碳储量和碳汇潜力，为推进广东省低碳发展提供科学数据

广东省是能源消耗大省、经济大省，同时也是碳排放大省。2010 年，广东省碳排放总量达到 5.1 亿吨。广东省委省政府十分重视低碳发展，采取了一系列的积极措施推动产业结构调整和经济发展方式转变。

提高森林的固碳潜力，充分发挥森林在应对气候变化中的独特作用，必须首先摸清广东省森林植物的碳储量现状，分析广东省森林未来的碳汇潜力，客观地评价森林在广东省低碳发展中的作用和贡献。从而为制定相关节能减排政策提供基础数据支持，为低碳示范省试点提供新的发展思路。

（五）探索新设备、仪器和新技术在森林资源监测中的应用，提高森林资源与生态状况监测技术水平

多年来，各种新设备、仪器和新技术的应用不断提高森林资源与生态监测的水平和效率。如"3S"技术改变了传统监测流程，大大提高了监测效率和成果精度；生态实验室的建立，显著拓宽了生态监测的内容、手段和精度；高速计算设备和大型分析软件的使用，提高了数据处理效率。

森林资源与生态状况监测是一项复杂的系统工程，随着社会公众对信息需求的日益提升，其监测内容和信息服务水平将不断发展，新技术和设备的应用也必将更重要。因此，本试点继续探索新设备、仪器和新技术在森林资源监测中的应用，基于最先进的平板电脑开发森林资源与生态状况综合监测的数字化采集系统，提高森林资源与生态状况监测技术水平。

（六）分析广东省森林植物多样性动态变化，为生态保护管理提供依据

广东植物区系成分中的特有种、属较多，若加上毗邻地区共同的特有种、属则数量更为庞大。从森林资源开发利用和生物多样性保护角度出发，开展野生动植物资源调查，建立森林资源管理档案，对广东省森林资源的保护和利用具有重要的意义。因此，建立物种多样性监测和研究永久样地，定期进行调查和监测，了解样地内生物种类分布、种群动态以及生境条件变化的情况，可以预测森林生态系统的变化趋势，为广东省制定生物多样性保护对策提供科学依据，对提出合理的森林经营措施有较高的参考价值。

二、试点研究意义

（一）科学推进森林资源监测，全面服务现代林业建设

2012年11月，党的十八大报告提出"要把生态文明建设放在突出地位，融入经济建设、政治建设、文化建设、社会建设各方面和全过程，努力建设美丽中国，实现中华民族永续发展。"生态文明建设的地位进一步得到巩固，上升到建设美丽中国、实现中国梦的高度。生态文明被广泛关注，成为林业建设的追求目标，也是林业生态建设的最终目的。因此，相对于以木材为主的传统林业，多目标的现代林业应运而生。现代林业是充分利用现代科学技术和手段，全社会广泛参与保护和培育森林资源，高效发挥森林的多种功能和多重价值，以满足人类日益增长的生态、经济和社会需求的林业。森林资源监测工作正是全面、及时反映林业和生态建设成果的重要手段。掌握森林资源发展现状，明确新时期森林资源监测的主要任务和目标，全面提升监测能力和水平，对加快发展现代林业建设有着积极的意义。

（二）不断丰富森林资源监测，推进森林资源"双增"目标责任制考核

随着国际国内形势的深刻变化和现代林业建设的深入推进，我国森林资源监测面临着前所未有的严峻挑战，承担着责无旁贷的历史重任。从国际上看，全球生态危机、气候变化日益加剧，森林资源保护和发展越来越受到国际社会的普遍关注，林业已从单一行业进入了国家和国际政坛，成为首脑政坛上的共同话题。从国内看，中央赋予了林业"四个地位"和"四大使命"，林业的地位和作用空前显现，全社会对林业建设成就的关注程度愈来愈高。

我国国民经济和社会发展"十二五"规划中，提出要实施重大生态修

复工程，加快建立生态补偿机制，加强重点生态功能区保护和管理。面对林业发展的新形势，森林资源监测工作必须及时查清森林资源及生态状况，准确反映动态变化，科学预测发展趋势，客观展现林业建设成效，并及时发现森林资源经营管理中的问题，为调整完善林业政策，加强森林资源管理提供基础和依据。为此，抓住林业建设和改革发展对森林资源监测工作带来的新机遇，充分利用现代技术迅速发展带来的有利条件，总结和借鉴国内外先进经验，加快优化改革森林资源监测体系，积极推进森林资源与生态状况综合监测试点，对我国林业建设有着十分重要的意义。

特别是在全球气候变暖的背景下，林业应对气候变化已成为国家战略的重要组成部分，也是我国参与国际气候谈判的一张重要"牌"。为了有力支撑国家应对气候变化的内政外交，需要及时掌握林地利用及其时空变化数据，准确评估我国森林碳汇能力。同时，全球森林资源评估以及相关国际公约，对森林资源监测信息的时效性和现势性要求越来越高。为此，加快推进森林资源与生态状况综合监测试点，加强生态状况监测，提高森林碳汇监测能力，着力提高森林资源监测信息的时效性、现势性和针对性，满足林业应对气候变化、履行国际义务、评价生态建设成效的信息需求，是展现我国林业生态建设成效，提高我国林业的国际影响力，增强我国的国际话语权的客观要求。

因此，在整个国际社会要求努力提高全球森林面积和蓄积量来缓解全球气候变暖的大环境下，中国作为负责任的大国，明确向世界承诺了我国的森林资源"双增"目标。确保实现胡锦涛主席提出的"双增"目标，已成为新时期林业工作的核心。围绕"双增"目标，编制和落实林业发展规划、计划，特别是森林采伐限额和林地保护利用规划的编制和落实，需要基数准确、时间一致、上下衔接的森林资源监测数据。加强森林资源保护管理，有效监督各地森林资源消长任期目标责任制落实，需要时效性更高、与干部任期同步的森林资源消长变化信息为依据。为此，推进森林资源与生态状况综合监测试点，提高森林资源监测信息的时效性、现势性和协同性，满足编制规划、落实计划，推动造林、加强管理，任期考核的信息需求，对于保障森林资源持续稳定增长、实现"双增"目标的意义重大。

目前，国家"十二五"规划将森林覆盖率和森林蓄积量纳入约束性指标，标志着保护和发展森林资源已经成为国家意志。按照国务院统一部署，国家林业局将对各省（自治区、直辖市）森林覆盖率提高和森林蓄积量增加两项指标进行考核评价，督促落实省级人民政府森林资源保护发展目标责任制。森林资源监测成果是实施森林增长指标年度考核的基础，是客观评价各省(自治区、直辖市)森林培育与保护发展成效的依据。通过改进森林资源监测体系,开展森林资源年度动态监测,做到全国和各省(自治区、直辖市)森林资源年度出数,才能保证数据时效和质量,筑牢考核的根基,实现以量考核、以质评价,确保考核方法科学、考核结论准确权威。

(三)扎实开展森林资源监测,提升林业信息服务水平

1. 国际合作与交流层面

随着经济全球化的不断发展和中国改革开放的日益深入,中国参与国际事务和进行国际合作与交流的活动日益频繁,信息需求量越来越大,种类越来越多,覆盖的领域范围越来越广。国际层面需要的信息主要是掌握全球的自然资源与生态总体状况或宏观情况(数量、质量、类型、分布等),资源变化对生态系统维持和经济社会发展的贡献,分析各国履行有关国际资源与生态安全公约的进展。我国森林资源与生态状况监测从多方面为相关国际组织提供信息,在很长一段时间满足了其需求。但是,随着国际社会对林业越来越关注,赋予其应对全球气候变化的作用凸显,对林业信息需求呈现出越来越丰富和细化的趋势,比如森林碳储量及碳汇潜力、土地石漠化和沙化状况、生态服务经济效益、林业建设情况等。因此,继续深化森林资源与生态状况监测试点工作,能够不断提高我国森林资源监测对国际层面的林业信息服务水平。

2. 国家宏观决策层面

当前,我国以可持续发展为基本战略,以全面建设人与自然和谐相处的小康社会为目标。国家宏观决策涉及经济、生态、社会等各方面。森林作为陆地生态系统主体,对维护生态平衡和改善生态状况起着不可替代的作用。森林资源变化必然导致生态状况的变化。同时,森林经营将产生直接的经济和社会效益,对社会经济的可持续发展产生重要作用。因此,森林资源监测将直接为国家宏观决策提供综合的林业信息,对国家经济社会可持续发展和国土生态安全等方面起到基础保障的作用。尤其是近年来,国家对森林资源"双增"目标责任制考核、林业碳汇、林业生态功能服务体系、绿色GDP等涉林政策与课题十分重视,这也使得进一步研究和完善现有森林资源监测体系显得十分迫切。本次试点将对新形势下国家宏观决策信息需求进行探索。

3. 生态建设与林业发展层面

重视生态建设已在全国达成共识,各省(自治区、直辖市)均大力落实现代林业和可持续林业发展战略,实施了一系列生态治理与保护、林业生态工程等林业生态建设，开展了林业生态相关课题研究。为了实现各地森林资源合理配置，科学评价各地生态建设情况，需要准确、全面、系统的森林资源和生态状况信息支持。2003 年开始，广东省通过每年向社会发布《广东省林业生态状况公报》实现了省域林业生态信息服务，客观体现了本省森林生态状况和建设取得的成效。本次试点进一步拓展和优化现有森林资源与生态状况监测内容，使其不断跟上社会生态建设和林业发展信息需求的步伐，为更科学、全面、客观地反映现代林业建设成效等方面的信息提供保证。

4. 相关行业及社会公众层面

林业不仅是国家经济社会发展的重要组成部分，而且与国民经济和社会发展的各行各业以及公众生活息息相关。相关行业在制定其可持续发展战略，以及各种规划、计划时，需要得到相关信息的支持。这些信息均由森林资源与生态状况综合监测提供，主要包括：森林资源面积、蓄积、种类及分布，森林在水源涵养、水土保持、净化空气等方面作用的信息。社会公众对林业信息的需求通常是没有时间界线的，对信息的时间连续性、频率以及延续的时间长度等都没有固定的要求。但是，对林业的信息需求广泛，要能满足各种工作、学习、生活、休闲娱乐相关的目的，且向更多样化的趋势转变。因此，森林资源与生态状况综合监测试点要求能够实现定期向社会公布森林资源与生态状况，满足相关行业和公众对林业信息的需求。

第二章

试点研究框架与内容

第一节 研究基础

广东省森林生态状况监测开始于 2002 年广东省森林资源连续清查第五次复查。在提供满足国家需求的森林资源连续清查成果外，广东根据本省林业发展和森林生态建设需要，在全国率先大胆提出了森林生态状况宏观监测的思路，即在每个连续清查固定样地内增加森林生态状况因子的调查或评价，构建了包括森林覆盖率、各地类面积和林木蓄积量、林分结构、森林植物生物量、森林植物多样性、森林自然度、森林健康度、森林生态功能等级、森林储碳放氧量、森林植物储能量及光能利用率、林地土壤理化性状、林地土壤侵蚀、森林涵养水源能力、森林生境指数等 14 个指标的广东省森林生态状况监测指标体系，开展了森林资源与生态状况综合监测系统研究，编制了《森林生态宏观监测系统研究》和《广东省森林生态状况监测报告（2002 年）》，较全面地描述了广东省森林生态状况，为后续相关工作的开展提供了宝贵的技术资料和参考依据。

广东省 2007 年森林生态状况监测是在广东省森林资源连续清查第六次复查的基础上开展的。工作目的是建立一个与广东生态林业发展相适应的森林资源与生态状况综合监测体系，满足各层次用户对林业监测信息的需要；同时为在全国范围内利用连续清查体系开展森林资源与生态状况综合监测起到示范与推广作用。在 2002 年森林生态状况监测的基础上，2007 年森林生态状况监测对体系进行了进一步的梳理，构建了以森林状况和林地状况为主要内容的森林生态状况综合评价指标体系，以森林有关特征因子综合评定森林生态功能等级，并确定生态功能指数，提出了全省

森林生态状况综合评价指数——"森林生态指数"。在因子的优化方面，在对森林自然度、森林生态功能等级、森林健康状况等因子进行复查的基础上，新增了对林地土壤状况、森林水文功能、森林群落特征、森林碳汇功能、森林植物储能量、森林生态系统健康与森林防灾减灾能力、外来入侵植物物种等指标的调查，并在原有 3685 个样地中按照 24km×16km 点间距抽取了 1/8 样地，进行森林群落植物物种多样性、乔木层叶面积指数及大部分林地土壤因子的监测，进一步丰富了森林生态状况综合监测的内容。

为适应森林生态服务的需要，开展了森林碳汇计量研究，于 2012 年下半年挂牌"广东省林业碳汇计量监测中心"，初步构建省级和县级一整套碳汇计量技术与方法。

基于广东省拥有良好的工作基础和实践经验，2012 年广东省继续承担了国家森林资源与生态状况综合监测试点工作。

第二节　研究框架

本次综合监测试点研究，在常规连续清查调查的基础上，增加了大样地区划调查、森林碳汇监测样地调查等项目，扩充和丰富了监测内容。根据大样地调查数据，结合二类调查档案数据，探索森林面积、蓄积年度出数方法，开展不同森林资源监测体系数据协同性分析；根据碳储量调查数据，开展森林碳汇潜力分析；综合分析多期森林生态状况数据，开展森林生态因子筛选与优化，构建一个森林生态状况综合评价指标体系；开发基于 iPAD 的森林资源清查数据采集系统，应用于外业数据信息化采集，实现外业调查无纸化作业；继续开展森林植物多样性调查，监测其动态变化。

主要技术路线如下：

第一，采用系统抽样方法，按 6km×8km 点间距布设 3685 个正方形固定样地，开展常规样地调查，获取土地利用与覆盖、森林资源与生态状况等资源数据；按 2km×2km 点间距加密布设 44562 个遥感判读样地，通过建标、判读、验证，进行新一轮的判读和分析，利用"3S"技术对石漠化、沙化土地和湿地进行调查；通过社会调查，获取社会经济、营造林情况、林木采伐利用、森林防护等方面的情况。充分运用所获取的资源、生

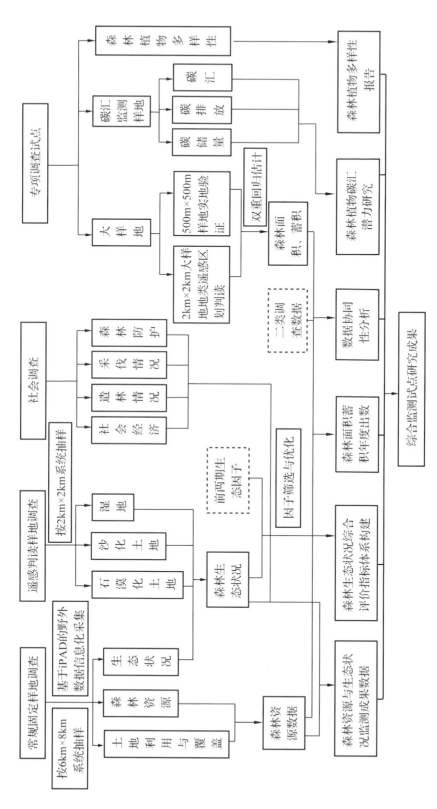

图 2-1 国家森林资源与生态状况综合监测广东试点研究技术框架

态信息，深入分析其变化原因，摸清全省复查期间森林资源的数量、质量及其消长情况，以及森林生态状况动态变化情况。

第二，结合广东省2002－2007年生态状况监测数据，对现有的生态因子进行动态分析和总结，评价各生态因子的科学性及可比性。在对森林生态状况监测因子优化的基础上，从森林生态状况、功能、效益三大方面入手，构建广东省森林生态状况综合评价指标体系。

第三，开展按24km×16km布设的459个大样地区划调查。采用双重抽样方法，即2km×2km大样地作为一重样本，对其做地类遥感区划；500m×500m样地作为二重样本，做实地验证。利用双重回归估计方法产出森林面积、蓄积量数据，探索森林资源年度出数方法；并结合一类调查和二类调查数据，对三套数据面积、蓄积进行两两对比，分析数据差异性原因，探讨不同森林资源监测体系数据协同性。

第四，在连续清查固定样地中，按气候带、森林类型、起源和年龄抽取246个碳汇监测体系样地，建立广东省森林碳汇计量监测体系。通过测定不同树种、不同器官植物碳含率，采用生物量模型法，估算全省森林碳储量，分析森林碳汇现状，并预测碳汇潜力。

第五，开发基于平板电脑的森林资源清查数据信息化采集系统，集数据录入、定位导航、样地图形编辑、样木位置图实时自动绘制、照相录像、树种辅助识别、数据逻辑检查于一体，实现调查数据采集的信息化作业。

第六，继续开展按24km×16km布设的459个点间距抽样系统(1/8)样地森林植物多样性研究，分析广东植物区系成分、植物群落特征及森林群落垂直结构上的物种多样性等内容，并监测其动态。

具体技术框架详见图2-1。

第三节　研究技术

综合监测涉及面广、专业性强、内容丰富，本次试点研究在监测手段、信息获取及数据统计分析方面主要应用了抽样技术、模型技术、实验技术和信息技术等技术方法。

一、抽样技术

常规连续清查调查采用系统抽样方法。按6km×8km间隔，以公里网

交叉点为样地西南角，布设 3685 个固定样地(0.0667hm²)，进行常规森林资源及生态状况因子调查。

大样地区划调查采用双重抽样方法。按 24km×16km 间隔，以公里网交叉点为样地中心点布设 459 个 2km×2km 大样地(一重样本)，对其作地类遥感区划；再以公里网交叉点作为样地中心点，设置 500m×500m 样地(二重样本)作实地验证。

森林碳汇计量监测采用典型抽样方法。在连续清查体系基本框架基础上，结合气候带、森林类型、起源和年龄，布设 246 个森林碳汇计量监测典型样地，进行乔木、下木、灌木、枯落物、枯死木的生物量监测，开展森林碳汇计量监测。

二、模型技术

本次试点应用到大量的生态数学模型，用于对监测数据的分析和处理。主要包括森林植物(乔木、下木、灌木、草本)生物量模型、二元立木材积模型和相对树高曲线模型、森林植物储碳模型、森林植物凋落物生物量模型等。

三、实验技术

本次试点中，有关基础模型和参数等通过实验获取。例如在估算森林碳储量时，乔木层、灌木层和草本层不同器官的碳含率由实验测定。

四、信息技术

本次试点，采用了"3S"高新技术应用于样地的复位和识别、遥感判读、地理信息图件的编制等，尤其采用遥感数据进行大样地地类遥感区划调查，基于遥感数据和森林资源二类调查数据、进行森林蓄积量估测等。开发了基于平板电脑的森林资源连续清查数据信息化采集与管理系统，集数据录入、定位导航、样地图形编辑、样木位置图实时自动绘制、照相录像、树种辅助识别、数据逻辑检查、无线传输于一体，实现了调查数据采集的信息化作业。

第四节　研究内容与成果

一、研究内容

本次试点主要包括以下内容：

（一）森林生态状况监测指标体系构建

综合分析广东省 2002－2007 年多期生态状况监测数据，对森林生态状况监测因子进行优化；在此基础上，从层次性、系统性、现实性、重要性 4 个方面考虑，构建包括生态因子、植被覆盖因子、森林结构因子、森林蓄积量、森林碳汇因子等 5 项指标的森林生态状况评价指标体系。

（二）森林面积、蓄积年度出数

采用地面调查与遥感调查相结合的大样地调查方法，即以公里网交叉点为样地中心点，按 24km×16km 间隔机械抽样，布设 459 个 2km×2km 遥感大样地（一重样本），对其进行地类遥感区划判读；在大样地区划判读基础上，固定中心点抽取 500m×500m 样地（二重样本）进行区划判读地类地面调查验证；采用双重回归估计统计产出森林资源面积。

尝试以基于小班档案和遥感数据的 500m×500m 实地区划林分公顷蓄积量判读，再以连续清查数据修正的方法，近似获取 500m×500m 实地区划林分实测公顷蓄积量。以 2km×2km 最新二类小班档案数据为一重样本，判读和修正处理后的 500m×500m 实地验证样地为二重样本，采用双重回归统计产出森林蓄积量。

（三）森林资源监测体系数据协同

通过对一类调查、大样地区划调查、二类调查的面积、蓄积量进行两两对比，从不同方面分析数据差异的主要原因，探讨不同监测体系之间数据的协同性。

（四）广东森林植物碳汇潜力

在连续清查固定样地中，按气候带、森林类型、起源、年龄进行样地抽取，共抽取 246 个碳汇监测体系样地，分别进行乔木层、下木层、灌木层、枯落物、枯死木生物量采样调查，利用生物量模型及实验测定广东主要森林植物的碳含率，分析地上碳库、枯死木碳库、枯落物碳库、地下（根）碳库等，测算广东植物森林碳储量、森林碳排放，预测森林植物碳

汇潜力。

（五）森林资源清查数据信息化采集

针对平板电脑的大屏幕、良好的用户操作体验、电池续航能力强，具有强大的图形处理功能和实时通讯功能的特点，集成 RS 技术、GIS 技术、GPS 技术、MIS 技术和专家系统，开发了基于平板电脑的森林资源连续清查数据信息化采集系统，集数据录入、定位导航、样地图形编辑、样木位置图实时自动绘制、照相录像、树种辅助识别、数据逻辑检查、无线传输于一体，实现调查数据采集的信息化作业，提高数据采集和内业处理效率，保证了森林资源连续清查调查精度。

（六）广东森林植物多样性

以广东常规连续清查固定样地框架为基础，按 24km×16km 抽取 1/8 样地开展森林植物多样性调查，分别从植物区系成分、植物群落特征及森林群落垂直结构上的物种多样性等方面进行综合研究，以揭示广东省森林植被的区系组成、外貌构成、物种多样性特点及其在空间上的变化规律。

二、研究成果

（一）首次开展省域大样地区划调查，拓展森林资源与生态状况综合监测体系

试点首次在我国开展省域范围的大样地区划调查工作，产出林地、森林、有林地和乔木林等主要森林资源数据，精度高，结果可靠。从而实现森林面积指标年度出数，满足"双增目标"年度考核的面积要求，拓展了国家森林资源与生态状况综合监测体系。

（二）首次进行系统、定量分析不同森林资源监测体系数据协同性，探索监测体系一体化

试点通过对大样地区划、一类调查与二类调查三套数据进行系统定量分析，首次摸清了不同森林资源监测体系数据差异原因。分析认为一类调查和二类调查森林面积和蓄积差异显著，造成两者数据差异的最根本原因在于二类调查档案更新不及时导致乔木林分面积偏高，其他林地(其他灌木林、采伐迹地、火烧迹地等)面积偏低。结果显示大样地区划调查方法产出的大地类面积介于一、二类调查之间，可作为一类调查年度出数方法。

（三）首次开展省域森林植物碳储量与碳汇潜力研究，推进低碳发展

试点首次开展了省域森林植物碳储量与碳汇潜力测算，计算了广东省不同森林地类、不同林层、不同经济区、不同纬度的森林植物碳储量，并

预测了 2050 年森林植物碳储量，为广东低碳试点省的建设提供了依据。

（四）首次开发、应用基于平板电脑的森林资源清查数据采集与管理系统，提高了监测效率

试点首次开发了基于平板电脑的森林资源清查数据采集与管理系统。系统在本次试点中得到全面推广应用，体现了实用性强、野外操作便捷、用户体验良好的特点，为森林资源监测提供了高效操作平台，显著提高了监测水平和工作效率。系统实现了省域森林资源清查的全程无纸化作业，优化了森林资源清查工作流程，改善了作业方法，丰富了调查成果，推动了国家森林资源清查技术进步。

（五）进一步优化生态监测指标因子，完善生态监测指标体系

试点首次依托国家森林资源连续清查体系，在广东省 2002、2007 和 2012 年生态状况监测的基础上，对森林生态状况监测因子进行了分析，提出了因子筛选、监测周期调整等优化意见，对森林生态状况监测因子进行了优化，探索构建了森林生态综合评价指数，为第九次国家森林资源与生态状况综合监测提供借鉴。

（六）进一步分析广东省森林植物多样性

试点继续在 1/8 样地内开展植物多样性调查，分析了广东植物区系特点及植物群落特征，比较了不同气候带森林群落垂直分布特点及其物种多样性，并对不同区域、不同植被类型林下植物物种多样性进行比较分析，系统掌握了样地内植物种类分布、种群动态以及生境条件变化等情况，并与 2007 年调查结果进行对比，探讨林下植被物种多样性的动态及原因。本期植物多样性监测获得的信息为广东省制定生物多样性保护对策以及合理的森林经营措施提供了科学依据。

广东森林资源与生态状况

第一节　技术方法

广东省森林资源连续清查是国家森林资源与生态状况综合监测体系的重要组成部分，其清查成果将全面反映全省森林资源数量、质量及其消长动态和变化规律，为全国和广东省制订和调整林业方针政策、编制生态建设和林业产业发展规划、制订森林采伐限额、实现森林资源动态管理和监测，以及监督检查各地森林资源消长任期目标责任制提供了重要依据。

一、样地调查

为提高清查成果的可比性，准确掌握森林资源消长变化，样地数量3685个保持不变。样地调查方法如下：

(1)应用全球卫星定位仪(GPS)协助寻找"固定样地"或进行"改设样地"定位；

(2)利用遥感影像对"固定样地"进行加密调查，提高调查精度；

(3)利用数码相机记录样地的有关识别特征，建立样地影像数据库，方便复查找点；

(4)利用平板电脑(iPAD)协助调查记载；

(5)对湿地、沙化和石漠化土地的调查，以及公益林的确定，要充分利用各专项区划调查成果。

二、样木调查

对样地内上期已确定的固定样木进行复位调查；同时，对进界样木要

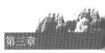

现地测量方位角和距离，并绘制样木分布图。

三、遥感样地图像判读

本期复查除调查固定样地外，也应用遥感技术进行调查。采用遥感判读与地面调查相结合的双重抽样设计，即以地面调查点为框架，按 2km × 2km 点间距加密布设遥感判读样点，全省约布设 44562 个判读样点。其技术标准严格执行遥感图像处理与判读相关技术规范。

四、数据打印

采用掌上计算机采集的调查数据，其本身是电子数据，应及时生成纸质签名档案。电子数据应将其导入连续清查管理信息系统，在该系统中进行样地照片的导入、数据检查、修改、整理、打印建档等。样木位置图根据样地检尺资料生成。

五、逻辑检查

数据检查在数据录入完成后利用连续清查管理信息系统进行。检查内容主要分以下几个部分：

（1）样地、样木因子的取值范围：每个因子都有一定的取值幅度，检查样地、样木因子调查资料是否在取值范围内。

（2）样地因子之间、样地因子与样木因子之间的逻辑关系：许多样地因子之间及样地因子与样木因子之间都存在逻辑关系，这些关系不能存在矛盾。

（3）前后期样地、样木因子之间的逻辑关系：检查前后期样地、样木因子之间是否存在矛盾。

（4）每木检尺记录逻辑检查：对于前后期样地，主要检查各因子记录是否正确，树种、胸径、树高之间是否存在矛盾（可根据树种的高径比大致范围检查），前期每株活立木，后期是否有去处等等。

第二节　森林资源状况

一、林地和森林面积

广东省土地总面积 1767.69 万 hm²，其中林地面积 1076.44 万 hm²，占 60.90%；森林面积 906.13 万 hm²，占林地面积的 84.18%，森林覆盖率 51.26%。

林地面积中，有林地(有林地包括乔木林地、经济林地和竹林面积。乔木林地不含乔木经济林地。经济林地包含乔木经济林和灌木经济林)883.61 万 hm²，疏林地 8.16 万 hm²，灌木林地(不含灌木经济林地)56.11 万 hm²，未成林地 30.21 万 hm²，苗圃地 0.48 万 hm²，无立木林地 63.82 万 hm²，宜林地 34.05 万 hm²。

森林面积中，乔木林 714.75 万 hm²，占 78.88%；经济林 124.24 万 hm²，占 13.71%；竹林 44.62 万 hm²，占 4.92%；国家特别规定的灌木林 22.52 万 hm²，占 2.49%。

二、林木和森林蓄积

2012 年，广东省活立木总蓄积 37774.59 万 m³。其中，森林蓄积 35682.71 万 m³，占 94.46%；疏林蓄积 126.19 万 m³，占 0.33%；散生木蓄积 1564.71 万 m³，占 4.14%；四旁树蓄积 400.98 万 m³，占 1.07%。

三、乔木林面积蓄积

2012 年，广东省乔木林面积 714.75 万 hm²，其中天然乔木林 314.20 万 hm²，人工乔木林 400.55 万 hm²，分别占 38.43% 和 61.57%。

2012 年，广东省乔木林蓄积 35682.71 m³，其中天然林蓄积 20215.02 万 m³，人工林蓄积 15467.69 万 m³，分别占 56.65% 和 43.35%。

四、乔木林质量

2012 年，广东省乔木林平均每公顷蓄积为 49.92 m³，每公顷年生长量为 5.09 m³，每公顷株数为 865 株，平均胸径 11.7 cm，平均郁闭度 0.52。

五、林地分类区划

2012 年，广东省生态公益林地面积 342.01 万 hm²，占林地总面积的 31.77%。其中，国家公益林地 73.41 万 hm²，地方公益林地 268.60 万 hm²，分别占 21.46% 和 78.54%。

2012 年，广东省商品林地面积 734.43 万 hm²，占林地总面积的 68.23%。其中，国有 34.07 万 hm²，集体 389.47 万 hm²，个人 305.14 万 hm²，其他 5.75 万 hm²，分别占 4.64%、53.03%、41.55% 和 0.78%。

第三节　森林生态状况

一、森林结构

2012 年，广东省乔木林中，具有完整或较完整结构的占 97.72%，针叶纯林和阔叶纯林面积分别占 14.58% 和 27.78%，其他为混交林，占 57.64%。

二、森林生态功能

2012 年，广东省森林生态功能等级好的面积 14.39 万 hm^2，占 1.59%；中等的面积 659.60 万 hm^2，占 72.79%；差的面积 232.14 万 hm^2，占 25.62%。森林生态功能指数为 0.47，生态功能属于中等偏下水平。

三、森林灾害与健康

2012 年，广东省森林面积中，有 50.85 万 hm^2 遭受了不同程度的各种灾害，占 5.61%。按健康等级分，健康森林占 87.87%，亚健康森林占 7.57%，中健康和不健康的森林占 4.56%。

四、生物多样性

生态系统多样性：广东省按 7 个植被型组计算的 Simpson 指数为 0.73，均匀度中等偏上；按 21 个植被型计算的指数为 0.87，说明其分布较均匀，呈现出多样性。

物种多样性：2012 年广东省调查乔木树种 390 种，其中针叶树种 18 种，阔叶树种 372 种。从重要值表现来看，杉木是广东省最重要的树种，其次是尾叶桉和马尾松。广东省物种多样性 Simpson 指数为 0.94，Shannon – Wiener 指数为 3.86。

第四节　森林资源与生态状况变化趋势

一、森林资源动态

1. 森林面积变化

与2007年相比，广东省林地面积有所增加，净增了3.37万 hm²，比第七次清查净增的24.93万 hm²减少21.56万 hm²；森林面积净增32.15万 hm²，森林覆盖率提高1.82%。

2. 林种结构变化

与2007年相比，广东省林种结构比例有所调整，防护林、特用林和用材林面积分别上升了0.63%、0.08%和1.74%，经济林、薪炭林面积分别下降了2.46%和0.29%。

3. 地类面积变化

与2007年相比，广东省无立木林地面积增加21.61万 hm²，年均净增率达到8.15%；宜林地面积减幅较大，减少了33.11万 hm²，年均净减率达到13.09%。

4. 森林蓄积变化

与2007年相比，广东省活立木蓄积净增5613.85万 m³，其中森林蓄积净增5499.34万 m³。

5. 森林质量变化

与2007年相比，广东省天然林面积净减21.12万 hm²，天然林蓄积净增1552.08万 m³；人工林资源继续保持稳定的增长势头，人工林面积净增54.71万 hm²，人工林蓄积净增3947.26万 m³。乔木林平均每公顷蓄积净增5.45 m³，每公顷生长量增加0.60 m³，每公顷株数增加24株，平均郁闭度减少0.01，平均胸径增加0.4 cm，森林整体质量有所提高。

6. 林木蓄积生长量与消耗量

与2007年相比，广东省林木蓄积年均总生长量3810.64万 m³，比前期增加573.11万 m³；年均总消耗量2954.29万 m³，比前期减少86.33万 m³，其中采伐消耗量减少194.32万 m³，枯损消耗量增加107.99万 m³。在森林蓄积采伐消耗量中，天然林为1138.80万 m³，人工林为1304.52万 m³，分别占46.60%和53.40%。天然林采伐消耗所占比例比

前期下降了 1.54%，采伐消耗逐渐以天然林占优转变为以人工林占优。

二、森林生态状况变化

1. 森林结构

2012 年，广东省乔木林具有完整或较完整结构的占 97.72%，2007 年为 96.60%，增长 1.12%；混交林比例从 2007 年的 57.30% 增加到 2012 年的 57.64%。

2. 生态功能等级

2007 年广东省生态功能等级一、二类林面积比例为 71.90%，2012 年为 74.38%，增加了 2.48%。

3. 森林健康

2007 年广东省健康森林和亚健康森林面积比例为 98.30%，2012 年为 95.44%，降低了 2.86%。

第四章

森林生态状况监测指标体系构建

第一节 目的意义

2007年，广东省在开展国家森林资源与生态状况综合监测试点工作中对监测指标进行扩充，在对森林自然度、森林生态功能等级、森林健康状况等因子进行复查的基础上，新增林地土壤状况、森林水文功能、森林群落特征、森林植物储能量、森林生态系统健康与森林防灾减灾能力、外来入侵植物物种等指标调查，并在原有3685个样地中按照24km×16km点间距抽取了1/8样地，进行森林群落植物物种多样性、乔木层叶面积指数及大部分林地土壤因子的监测（广东省林业调查规划院，2008）。

2007年，森林生态状况监测绝大部分因子经过试点检验，具有较高的技术可行性和可操作性，但也有部分因子实际操作中存在一定的困难，如叶面积指数、土壤微生物生物量，前者需要的设备，市场不能满足，后者对土壤样品送检时间有特殊的时间限制。

2012年，广东省对森林生态状况综合监测指标进一步梳理。当年进行森林生态状况监测的因子主要包括：林地土壤因子（土壤名称、厚度及腐殖质层厚度、枯枝落叶厚度）；森林结构（群落结构、树种结构、自然度）、森林生态功能等级、森林健康状况（森林灾害类型、森林灾害等级、森林健康等级）；植物多样性（植被类型多样性、森林类型多样性、乔木林按龄组多样性、乔木林按林种多样性、森林群落植物多样性）、森林生物量、森林吸碳放氧能力、林地土壤侵蚀状况、森林生态系统健康与综合防灾减灾能力；沙化、石漠化和湿地类型的面积和分布及其动态变化等。

经过多年的发展，综合监测的因子数量不断扩充，因子数量多达90

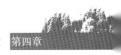

个，带来的调查工作量明显加大；前期部分生态状况因子是依托固定样地开展调查，抽样精度达不到要求；各指标之间可能存在着一定的相关性，部分因子可通过计算获得；部分因子的评定过程主要依靠人为判断，受到主观因素影响较大。

为了更加直观、简洁地反映森林生态状况，有必要通过对评价指标进行筛选、分类、分层，构建一个区域森林生态状况综合指标体系。此外，随着经济社会发展，公众对森林生态系统多样性、森林碳汇等林业生态信息需求越来越迫切。

第二节　技术方法

首先，对现有生态状况监测调查指标因子进行分类，并综合考虑我国现有林业发展和经济水平实际，分析监测内容的可行性及针对性，对监测内容的筛选提出合理化建议。

然后，结合广东多期连续生态监测数据，对现有的生态因子进行动态分析和总结，评价各生态因子的科学性及可比性。

最后，结合多期森林资源连续清查数量、结构、质量数据，从森林生态状况、功能和效益三方面入手，构建广东省森林生态状况综合评价指数。

第三节　森林生态状况监测因子

森林生态状况监测指标因子，按因子的类型可分为生态因子、森林土壤因子、植被覆盖因子、森林结构因子、蓄积量因子、生态功能量因子、生态效益量因子、森林碳汇因子等八类因子；按因子的调查方法或属性数据的获取方式可归纳划分为六类：第一类因子为基础区划因子，可通过前期相关资料或有关专题调查区划转绘得出；第二类因子为直接调查因子，需在各样地实地调查得出；第三类因子为综合评判因子，通过样地相关因子调查结果综合评判得出；第四类因子为实验测定因子，通过样地调查获取或收取一定数量的样品进行实验测定得出；第五类因子为统计汇总因

子，通过外业调查、内业汇总得出；第六类因子为模型推算因子，外业调查相关解释因子数值，内业时通过模型计算得出。

根据 2002 - 2012 年连续 3 次的监测，重点对各类型因子中的基础区划因子、直接调查因子和实验测定因子进行分析，以优化森林生态状况监测指标。

一、生态因子

目前生态状况监测中的生态因子包括 20 个因子，其中森林类别、林种、公益林事权等级、公益林保护等级、沙化类型、沙化程度、石漠化程度、湿地类型、湿地保护等级属于基础区划因子，森林健康等级、森林灾害类型、森林灾害等级、外来入侵植物、林地土壤侵蚀等级属于直接调查因子，森林生态功能等级、森林生态功能指数、森林抗火能力等级、森林调洪能力等级、乔木树种多样性、生态系统多样性属于综合评判因子。

基础区划因子中，森林类别、林种、公益林事权等级、公益林保护等级这 4 个因子同时也是森林资源监测因子，应予以保留。沙化类型、沙化程度、石漠化程度、湿地类型、湿地保护等级等沙化、石漠化土地和湿地监测因子是在 2007 年新增的监测因子，采用遥感判读与地面调查相结合的系统双重二相抽样为基本抽样设计框架，在连续清查固定样地的抽样框架上按 2km × 2km 间距进行遥感判读样地布设，共布设遥感判读样地 44562 个，并在地面样地中心增设正北正东方向 90m × 90m 的遥感验证样地进行监测。由于沙化、石漠化土地和湿地属于斑块状、集中分布的土地类型，采用系统抽样的方法，在抽样精度上难以保障。目前，国家统一部署的沙化、石漠化土地及湿地专项监测，以斑块调查方式开展。两种监测方法产出的面积数据有较大的差异。以沙化、石漠化土地为例，2009 年全国第四次沙化土地监测沙化土地面积为 10.03 万 hm^2（广东省林业调查规划院，2010），本次遥感监测面积为 8.25 万 hm^2，2011 年全国第二次石漠化监测石漠化土地面积为 6.38 万 hm^2（广东省林业调查规划院，2012），本次遥感监测面积为 5.67 万 hm^2，两者之间存在较大差别。因此，建议取消沙化、石漠化土地和湿地的遥感监测，采用专项监测数据。

直接调查因子中，外来有害生物的分布不符合系统抽样理论，建议采用专题调查的方式获取数据。森林健康等级、森林灾害类型、森林灾害等级、林地土壤侵蚀等级等因子应予保留。

综合评判因子中，各因子均能从某一方面反映森林的生态功能，尤其是部分监测因子在监测期内有重大变化的指标，如森林生态功能等级一、

二类林面积比例从 2002 年的 53.3%、2007 年的 71.9% 到 2012 年上升到 74.3%，从监测结果来看，变化是十分明显的。这些因子均予以保留，持续进行监测。

二、森林土壤因子

目前，森林土壤监测因子主要包括土壤厚度、腐殖质层（A）厚度、心土层（B）厚度、枯枝落叶层厚度等直接调查因子和其他实验室测定因子。森林土壤因子存在变量细微，难于监测的特点，动态监测中林地土壤理化性质周期的变化率较小，以至于外业调查中土壤样本采集误差和实验室误差可能会大于周期的变化量，监测的结果并不能真实反映土壤的动态变化。此外，由于土壤因子需采集土壤样本和在实验室测定，因此，从成本效益的角度来说，每个 5 年周期进行林地土壤的监测是不必要的。

三、森林结构因子

森林结构因子主要包括起源、森林群落结构、林层结构、树种结构、龄组结构、树高、密度等直接调查因子和实验室测定因子叶面积指数。

直接调查因子均是森林资源监测中同时要调查的因子，应予以保留。

叶面积指数因子是广东省在 2007 年试点中新增加的内容，主要目的是利用半球面影像测定森林叶面积，进而分析叶面积与蓄积、生物量的相关性。通过调查取得了一定的成果，但也存在不少问题：①调查设备的缺乏；②数据分析的专业性强，难以普及推广；③该方法主要用于小尺度小范围的研究，对于省域大尺度的调查精度不能保证。因此，在本期试点中取消该因子的调查。

四、植被覆盖因子

植被覆盖因子包括地类、植被类型、郁闭度、植被总覆盖度、灌木覆盖度、草本覆盖度等直接调查因子和森林覆盖率、林木绿化率、各地类型面积、变化量等统计汇总因子。这些因子属于常规森林资源监测因子，均予以保留。

五、蓄积量因子

蓄积量因子包括活立木单株树高、活立木（公顷）蓄积量、生长量、枯损量、消耗量等，均为统计汇总因子，这些因子对于评估森林碳汇能力具有重要作用，均予以保留。

六、生态功能量因子

生态功能量因子包括森林植物固碳量、林地土壤储碳量、枯枝落叶层储碳量、植物放氧量、林地土壤流失量、保育土壤量、涵养水源量、林地土壤蓄水量、枯落物蓄水量、林地径流量，均为模型估测因子，这些因子是综合评估森林生态功能的量化因子，均予以保留。

七、生态效益量因子

生态效益量因子包括固碳效益、放氧效益、涵养水源效益、净化大气效益、保土效益、储能效益、减灾效益、生物多样性保护效益，均为模型估测因子，这些因子是货币化评估生态效益的因子，均予以保留。

八、森林碳汇因子

森林碳汇因子是本期综合试点应新时代对林业的需求而增加的监测内容，主要因子包括植物碳含率、植物(公顷)生物量、乔木层生物量、下木层生物量、森林总碳储量、森林植物碳储量、森林土壤碳储量、森林植物碳排放等，其中植物碳含率属实验测定因子，其余因子属统计汇总因子。

第四节　森林生态状况监测指标体系优化

一、丰富森林碳汇监测因子

随着社会经济的发展，森林的功能得到进一步的延伸，尤其是森林作为全球主要碳库在当前减缓全球气候变化中的作用日益受到人们的关注。在此前提下，有必要增加森林植物碳含率、森林土壤碳储量等森林碳汇监测因子。

二、调整森林土壤指标监测周期

生态状况监测指标与因子随时间变化的幅度较小，同时准确调查指标与因子所需要的成本和技术力量要求较高，如森林土壤监测指标与因子还需要通过室内分析和内业统计等，短期内无法提供监测成果，其监测周期

建议调整为 10 ~ 15 年。

三、取消沙化、石漠化土地及湿地监测

在连续清查时开展沙化、石漠化土地及湿地监测，一方面受体系方法的限制，对这些斑块土地的调查精度难以保障；另一方面，国家目前已统一部署了沙化、石漠化土地和湿地的专项监测，准确性高，连续清查调查产出的数据与国家专项调查产出数据之间存在差距，会产生数据上的矛盾。因此，建议在连续清查中取消沙化、石漠化土地及湿地监测。

四、取消叶面积指数监测

叶面积指数监测中半球面影像技术是一种近距离遥感方法，比较适用于微观研究，对于大尺度研究不太适合；基于卫星 TM 影像数据的叶面积指数研究存在精度以及产出结果局限性。因此，在 2012 年监测时取消了叶面积指数因子调查。

五、细化物种调查

在样地每木检尺调查中，对检尺样木要求调查记载具体树种名称。这对样地内物种多样性保护有着重要意义。但是，由于调查队员的植物分类学专业知识和样地外业调查时间的局限，无法高效准确地获取。因此，植物种类的调查应先拓展至林分优势树种，再向不断提高树种名称的准确度方向努力。

六、监测指标优化

根据对主要生态状况监测因子的分析和优化，形成包括 8 大类型 122 个具体因子的生态状况监测体系，见表4-1。

表4-1 森林生态状况综合监测因子表

因子类型	具体因子	个数	监测周期(年)	数据获取方式
生态因子	森林类别、林种、公益林事权等级、公益林保护等级	4	5	基础区划
	森林健康等级、森林灾害类型、森林灾害等级、外来入侵植物、林地土壤侵蚀等级	5	5	直接调查
	森林生态功能等级、森林生态功能指数、森林自然度、森林抗火能力等级、森林调洪能力等级、乔木树种多样性、下木物种多样性、灌木草本物种多样性、生态系统多样性	9	5	综合评判
	沙化土地、沙化类型、沙化程度、石漠化土地、石漠化程度、湿地面积、湿地类型、湿地保护等级	8	5	专题监测
森林土壤因子	土壤厚度、腐殖质层(A)厚度、心土层(B)厚度、枯枝落叶层厚度	4	10~15	直接调查
	总孔隙度、毛管孔隙度、非毛管孔隙度、全容水量、毛管持水量、土壤容重、pH值、阳离子交换量、盐基饱和度、全氮、全磷、全钾、碱解氮、有效磷、有效钾、有机质、有效铜、有效锌、有效硼、铅、镉、微生物生物量、土壤有机碳含量	23	10~15	实验测定
植被覆盖因子	地类、植被类型、郁闭度、植被总覆盖度、灌木覆盖度、草本覆盖度	6	5	直接调查
	森林覆盖率、林木绿化率、各地类型面积	3	5	统计汇总
森林结构因子	起源、森林群落结构、林层结构、优势树种、下木优势种、灌木优势种、草本优势种、树种结构、平均年龄、龄组、平均胸径、平均树高、平均眉径、平均枝下高、下木平均高、灌木平均高、草本平均高、样木总株数、四旁树株数、毛竹林分株数、毛竹散生株数、杂竹株数、下木样方株数、灌木样方株数、样木胸径、毛竹眉径、下木平均地径、灌木平均地径	28	5	直接调查
蓄积量因子	活立木单株树高、森林蓄积量、单位面积蓄积量、生长量、枯损量、消耗量	6	5	统计汇总
生态功能量因子	森林植物固碳量、林地土壤储碳量、枯枝落叶层储碳量、植物放氧量、林地土壤流失量、保育土壤量、涵养水源量、林地土壤蓄水量、枯落物蓄水量、林地径流量	10	5	模型估算
生态效益量因子	固碳效益、放氧效益、涵养水源效益、净化大气效益、保土效益、储能效益、减灾效益、生物多样性保护效益	8	5	模型估算

（续）

因子类型	具体因子	个数	监测周期（年）	数据获取方式
	植物碳含率	1	—	实验测定
森林碳汇因子	植物（公顷）生物量、乔木层生物量、下木层生物量、森林总碳储量、森林植物碳储量、森林土壤碳储量、森林植物碳排放	7	5	统计汇总
合计		122		

第五节　森林生态状况综合评价

经过多年的发展，综合监测的因子数量不断扩充，因子数量多达122个，然而，由于缺乏综合性评价指标，对区域森林资源和生态状况难以进行定量的评价。因此，本次选取主要的生态状况监测指标，构建森林生态状况综合指数（Forest Ecological Index，以下简写为FEI），使人们能对森林生态系统有一个整体、全面、概括、量化和直观的认识和判断。

一、森林生态状况综合指数构建

森林生态状况综合指数是一个多指标多层次的综合体。综合考虑指标的层次性、系统性、现实性和重要性，结合当前生态状况监测的实际情况，森林生态状况综合指数应包含生态因子、植被覆盖因子、森林结构因子、蓄积量因子、森林碳汇因子等5项指标，5项指标再可细分为各自的分项指标。

对于每一项指标，按照其在森林生态状况中的地位和作用强弱，采用专家打分法确定其权重（见表4-2）。

表 4-2 森林生态状况综合指数结构一览表

序号	第一层次指标	权重	第二层次指标	权重
1	生态因子	0.24	森林生态功能一、二类林面积比例	0.3
			健康/亚健康森林面积比例	0.2
			森林自然度Ⅲ、Ⅳ类林面积比例	0.2
			乔木物种多样性	0.1
			生态系统多样性	0.1
			潜在石漠化土地面积	0.1
2	植被覆盖因子	0.27	森林面积	0.9
			其他灌木林面积	0.1
3	森林结构因子	0.16	完整结构森林面积比例	0.3
			乡土树种混交林面积比例	0.4
			中龄林和近熟林面积比例	0.3
4	蓄积量因子	0.25	乔木林单位面积蓄积量	0.5
			活立木蓄积量	0.5
5	森林碳汇因子	0.08	森林植物碳储量	0.5
			年均森林植物碳汇	0.5

二、评价方法

森林生态状况综合指数计算，分为总指标、第一层指标和第二层指标3 部分进行计算(崔国发等，2011)。计算方法如下：

$$FEI = \sum_{i=1}^{n} \sum_{j=1}^{m} \frac{x'_{ij}}{x_{ij}} w_{ij} W_i$$

式中：FEI——森林生态状况综合指数；

x'_{ij}——第 i 个指标的第 j 个亚指标的本期数值；

x_{ij}——第 i 个指标的第 j 个亚指标的基准值；

w_{ij}——第 i 个指标的第 j 个亚指标权重；

W_{ij}——第 i 个指标权重。

三、评价指数解释

根据森林生态状况综合指数的计算理论和方法，以 1 作为其界限值，将森林生态综合指数分为 3 个区域，反映森林生态状况的动态。

(1)$FEI < 1$，表明本期森林生态状况低于基准值，森林生态状况未能达到目标。

（2）$FEI = 1（\pm 0.05）$，表明森林生态状况达到基准值。

（3）$FEI > 1$，表明森林生态状况超出基准值，生态建设成果显著。

四、广东省森林生态状况评价

1. 基准值

以广东省 2002 年森林资源与生态状况调查数据为基准值。

2. 综合评价

根据 2007、2012 年森林资源与生态状况调查结果，对广东省 2007 年和 2012 年的森林生态状况进行综合评价。

从表 4-3 可以看出，广东省森林生态状况综合指数 2007 年为 1.17，2012 年为 1.31，2007–2012 年，广东省森林生态呈现不断改善趋向良好状态。

表 4-3 广东省森林生态状况评价结果表

第一层次指标	第二层次指标	指标数据			森林生态状况综合指数	
		基准值	2007 年	2012 年	2007 年	2012 年
生态因子	森林生态功能一、二类林面积比例（%）	53.30	71.90	74.38	0.10	0.10
	健康/亚健康森林面积比例（%）	94.50	98.30	95.44	0.05	0.05
	森林自然度Ⅲ、Ⅳ类林面积比例（%）	8.00	11.20	15.35	0.07	0.09
	乔木物种多样性	0.64	0.70	0.94	0.03	0.04
	生态系统多样性	0.46	0.51	0.61	0.03	0.03
	潜在石漠化土地面积（万 hm²）	39.70	40.50	41.50	0.02	0.03
植被覆盖因子	森林面积（万 hm²）	827.00	873.98	906.13	0.26	0.27
	其他灌木林面积（万 hm²）	79.63	42.69	33.59	0.01	0.01
森林结构因子	完整结构森林面积比例（%）	24.70	64.29	64.42	0.12	0.13
	乡土树种混交林面积比例（%）	52.56	67.37	70.74	0.08	0.09
	中龄林和近熟林面积比例（%）	45.08	42.14	49.39	0.04	0.05
蓄积量因子	乔木林单位面积蓄积量（m³/hm²）	42.94	44.47	49.92	0.13	0.15
	活立木蓄积量（万 m³）	29704.35	32160.74	37774.59	0.14	0.16
森林碳汇因子	森林植物碳储量（万 t）	22707.94	25260.99	29514.01	0.04	0.05
	年均森林植物碳汇（万 t）	453.70	510.61	850.60	0.05	0.07
合计					1.17	1.31

第六节　结论与讨论

一、结论

1. 优化了森林生态监测因子

通过对广东省 2002—2007 年的森林生态状况监测因子进行分析，提出了因子筛选、监测周期调整等优化意见，对森林生态状况监测因子进行了优化。

2. 构建了森林生态状况评价指标体系

在对森林生态状况监测因子分析的基础上，提出了系统、量化的森林生态状况评价指标体系，包括第一层次指标 5 个，第二层次指标 15 个。利用该体系对广东省 2007、2012 年的生态状况进行了综合评价，广东省森林生态状况综合指数 2007 年为 1.17，2012 年为 1.31，生态状况不断改善。

二、讨论

1. 森林生态状况综合评价中基准值的确定

本研究中，森林生态状况综合评价以 2002 年数据为基准值，具有一定的局限性。今后，为更科学地评价广东森林生态状况，还应对科学合理的基准值体系进一步开展研究。

2. 全国推广的建议

本研究提出了森林生态状况监测因子优化和森林生态状况综合评价的思路，在全国推广时应根据各省（自治区、直辖市）的具体情况对因子进行取舍。同时，可以考虑构建一个全国性的森林生态状况综合评价体系，对各省（自治区、直辖市）的森林生态状况进行对比评价。

第五章

森林面积、蓄积年度出数

第一节 目的意义

我国森林资源调查体系主要包括森林资源连续清查（一类调查）、森林资源规划设计调查（二类调查）和森林作业设计调查（三类调查）。国家森林资源监测体系以一类调查为主体，地方森林资源监测体系以二类调查为主体。目前一类调查以 5 年为周期，每年完成 1/5 省份的滚动方式进行。其动态成果实际上是全国跨越 10 年的资源变化情况，信息反映严重滞后，时效性差。森林资源二类调查是指以县（林业局、林场）为单位组织开展的森林资源规划设计调查，一般以 10 年为一个经理期。二类调查普遍存在资金投入不足，质量难以保证；技术手段和仪器设备相对落后，基本上是以围尺、角规和地形图为主；近年来"3S"技术的应用有了一定的发展，但由于经费等原因应用范围小；同时，二类调查数据普遍存在更新不及时、人为影响等问题。全国各省（自治区、直辖市）一类调查与二类调查两个体系基本上是独立运行、互不衔接的，普遍存在监测结果不协调问题，国家与地方存在不一致的两套数据（曾伟生，2003；闫宏伟等，2011）。

2009 年 9 月举行的联合国气候变化峰会上，胡锦涛提出要大力增加森林碳汇，争取到 2020 年森林面积比 2005 年增加 4000 万 hm^2，森林蓄积量比 2005 年增加 13 亿 m^3。为了保证我国森林面积和蓄积量"双增"目标实现，国家"十二五"规划明确将森林覆盖率和森林蓄积量确定为约束性指标，实现森林面积、蓄积量"双增"已经上升为国家的意志。从国家到地方，层层将森林面积、蓄积量"双增"目标纳入责任制考核。近年来，国

家林业局提出,要积极推进森林资源监测体系优化改革,逐步建成服务高效的森林资源一体化监测体系,最终实现国家和地方森林资源监测工作"一盘棋",森林资源"一套数",森林分布"一张图"的管理目标(闫宏伟等,2011)。

但是,我国现有森林资源调查体系还无法准确获取各省(自治区、直辖市)年度"双增"指标。因此,全国陆续开展有关森林资源与生态状况年度监测的研究,以期能在森林资源主要指标每年度产出成果,能为森林资源"双增"目标考核提供思路。先后有黑龙江大兴安岭林区、江西、浙江、广东、福建等省和地区尝试区域性森林资源年度监测,有些省(自治区、直辖市)实现省、市、县三级年度动态监测。总体来说,目前进行的森林资源年度出数方法主要有2种:一是基于连续清查抽样方法,通过每年系统抽取部分连续清查固定样地进行复查,多级加密到市、县的基于连续清查抽样方法(刘安兴,2006;葛宏立等,2007);二是以二类调查为基础的统计方法,根据年度森林经营资料、专项调查等资料,基于面上实现森林资源二类档案年度更新出数(魏安世,2010)。广东省自1993年二类调查以来,已建立了地籍小班(约130万个)数据库,并以此为基础,一是应用"3S"技术建立突变小班(如采伐、征占、造林)台账数据库;二是通过模型对全省自然变化的小班进行档案更新,形成新一年的地籍小班档案数据(邓鉴锋,2010)。通过更新后的地籍小班档案数据,获得年度全省森林资源变化数据。

两种方法均存在不同程度的问题。对于抽样方法,广东省探索系统抽取1/3连续清查样地外业复查后统计,虽然减少连续清查点数量而降低外业工作量,但牺牲了估计精度。同时,每年调查1/3连续清查点的工作量仍然很大。基于二类调查的森林资源二类档案年度更新的方法,能从面上掌握区域森林资源的变化量,能够每年获取省、市、县的年度森林资源数据,且可与森林经营管理相结合,有一定优势。然而,近年发现,通过遥感影像、地方林业局森林经营档案、各种专业调查成果获取的年度森林变化与实际存在不同程度的偏差,且森林资源二类档案年度更新容易受到人为干扰。两种方法产出的森林面积和蓄积量差异显著。

基于小班档案更新的年度二类数据与一类数据不一致,使其不能作为国家"双增"目标考核指标的监测成果。随着遥感技术的快速发展,多阶遥感数据在各国森林资源清查中越来越得到广泛应用。纵观世界各国森林资源监测体系的发展状况,加拿大、巴西和澳大利亚森林资源清查体系的相片样地或景观样地设计,以及联合国粮农组织(FAO)开展全球森林资源

评估的大样地设计，其特点使建立一套介于一类调查和二类调查体系的独立体系成为可能（Wood M. S. 等，2006；Tomppo E. 等，2010）。大样地设计本质是抽样调查与区划调查相结合的方法，即一般由若干等间距、大小为 1km×1km ~ 10km×10km 的方形大样地，采用遥感区划调查的方式获取各地类面积等因子，或者设置多阶大样地，不同阶样地获取相应的因子，也可辅助地面调查。

本试点研究在上述背景与研究基础上，开展广东省域的基于 2km×2km 大样地遥感判读和实地区划调查方法的森林面积、蓄积年度出数研究，探索科学可行的、操作性强的省级森林资源年度出数方法，为开展森林增长指标年度考核提供技术支撑。

第二节 技术方法

一、双重抽样法

（一）森林面积

总体为广东省全部森林面积，按 24km×16km 的网格，选取 459 个点，布设 2km×2km 的大样地作地类遥感区划，在此大样地中，保持中心点不变抽取 459 个 500m×500m 的验证样地进行实地区划。1 个样本单元为 500m×500m 范围，一重样本个数为 7344 个（459×16），调查的辅助因子为遥感判读各地类占大样地的面积成数；二重样本为在一重样本中抽取的 459 个 500m×500m 的验证样地，调查的辅助因子为遥感判读各地类占该样地的面积成数，调查的主要因子为实地验证各地类占该样地的面积成数。

（二）森林蓄积

总体为广东省全部森林蓄积量，以 24km×16km 的网格，选取 459 个 2km×2km 方形范围内的 2012 年度全省二类档案更新小班，作为一重样本，样本辅助因子为该方形范围内二类档案小班林分蓄积量。二重样本为 459 个 500m×500m 验证样地（同上），辅助因子为其范围内二类档案小班林分蓄积量，主要因子为实地区划小班林分蓄积量，其获取办法是：先基于二类档案小班公顷蓄积量和遥感影像特征判读小班公顷蓄积量，再利用连续清查数据与对应年份二类档案数据分树种（组）和龄组建立经验修正系数对判读值进行修正，修正后活立木公顷蓄积量近似为实测公顷蓄

积量。

二、大样地区划调查

（一）大样地设置

在广东省2002年布设的459个1/8生态监测样点(连续清查固定样地)基础上,以样地实测西南角(1号角)为中心点,向四个方向分别延伸1km、250m,生成方位与固定样地一致,大小为2km×2km和500m×500m的2个大样地。其中,2km×2km大样地用于遥感区划与判读,500m×500m大样地用于对遥感区划结果作外业实地验证,如图5-1所示。

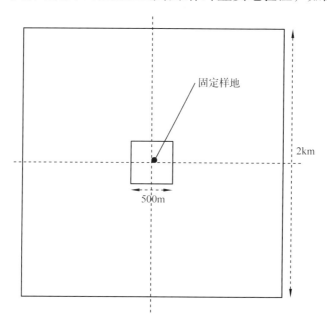

固定样地

2km

500m

图5-1　大样地布设示意图

（二）遥感区划

以最新高分辨率遥感影像为底图,借助二类档案小班数据、林地落界数据、1:1万地形图、Google earth等,叠加2km×2km矢量框,对其范围进行地类区划。区划最小面积为0.0667hm²,并确定地类、起源、优势树种、龄组、郁闭度、是否非林地上森林、遥感数据类型等因子。

（三）实地验证

利用500m×500m矢量框裁切出该范围的地类遥感判读区划小班,叠加2.5m或5m分辨率遥感影像,显示地块号及判读地类,并配以200m间距网格、坐标刻度等辅助信息,按1:1万比例尺出图作为实地验证遥感影像底图;将上述区划小班图层叠加到1:1万地形图上,制作实地验证的外

业调查基本图。利用实地验证底图进行实地区划核实，对区划有错误的小班进行修正或补充区划。最后，对样地范围内的区划小班逐一核实，并调查记载外业调查因子记录表。

三、蓄积判读修正

以广东省 2012 年森林资源档案小班主要因子和公顷蓄积量为判读依据，结合遥感影像色彩和纹理等特征，对同类型档案小班公顷蓄积量作适当调整，调整后的公顷蓄积量作为初步公顷蓄积量，以 2007 年连续清查样地数据为基础，按树种和龄组等因子分组对判读的公顷蓄积量作平滑修正。

四、双重回归估计

采用双重回归估计法对 2km×2km、500m×500m 数据进行统计分析，产出广东省 2012 年森林资源主要面积、蓄积指标。

第三节　主要结果

一、森林面积

（一）各地类面积

以本次试点设置的 2km×2km 遥感区划判读样地为一重样本、500m×500m 实地验证样地为二重样本，按林地、森林、有林地、疏林地、灌木林地、未成林地、无立木林地、宜林地产出面积数据，其中，有林地进一步划分为乔木林和竹林，灌木林地进一步划分为国家特别规定灌木林地和其他灌木林地。分别建立以遥感区划判读各地类面积成数为自变量，实地验证各地类面积成数为因变量的线性回归方程，采用双重回归估计方法计算各地类面积、抽样精度等，得到的结果见表 5-1。

表 5-1　采用双重回归估计得到的各地类面积估计结果　　单位：万 hm²、%

地类	线性回归式 $(y_i = a + bx_i)$	回归相关系数 (r^2)	r 显著性检验 (95%)	抽样精度 (%)	面积成数估计值 (%)	面积成数归一化 (%)	面积估计值
1. 林地	$y_1 = 0.9080x_1 + 7.6190$	0.846	显著	97.52	63.21	63.21	1117.36
2. 森林	$y_2 = 0.8290x_1 + 11.3920$	0.645	显著	96.06	54.73	54.83	969.22
3. 有林地	$y_3 = 0.8060x_1 + 9.7240$	0.617	显著	95.45	49.66	50.17	886.85
3.1 乔木林	$y_{31} = 0.7550x_1 + 10.5590$	0.580	显著	95.11	47.65	48.44	856.27
3.2 竹林	$y_{32} = 0.3812x_2 + 1.0822$	0.156	显著	60.32	1.70	1.73	30.58
4. 疏林地	$y_4 = 0.1167x_3 + 0.5087$	0.039	显著	53.88	0.71	0.72	12.73
5. 灌木林地	$y_5 = 0.5230x_1 + 5.7930$	0.127	显著	78.50	7.84	7.91	139.82
5.1 国家特别规定灌木林地	$y_{51} = 0.4122x_4 + 3.0321$	0.120	显著	73.52	4.13	4.66	82.37
5.2 其他灌木林地	$y_{52} = 0.8356x_5 + 1.8852$	0.234	显著	60.51	2.88	3.25	57.45
6. 未成林地	$y_6 = 0.2135x_6 + 1.3609$	0.026	显著	53.16	1.61	1.63	28.81
7. 无立木林地	$y_7 = 0.0730x_7 + 0.9720$	0.014	不显著	52.89	1.22	1.23	21.74
8. 宜林地	$y_8 = 0.4127x_8 + 0.9278$	0.134	显著	57.09	1.53	1.55	27.40

统计结果显示，林地、森林、有林地和乔木林4个大成数地类的抽样精度均达到95%以上，从高到低的顺序依次为：林地97.52%、森林96.06%、有林地95.45%、乔木林95.11%。对于疏林地、未成林地、无立木林地、宜林地等其他小成数地类，抽样精度较低，均低于80%。其中灌木林地、国家特别规定灌木林地抽样精度分别为78.50%、73.52%；竹林、其他灌木林抽样精度在60%左右，疏林、无立木林地、未成林地、宜林地等抽样精度均在60%以下。

结果表明：采用大样地调查方法产出全省林地、有林地、森林、乔木林等主要面积数据可以获得比较高的抽样精度，产出的面积数据具有较强的可靠性，但对其他小成数地类，统计结果精度不高，产出的面积数据的准确性难以得到保证。

（二）双重回归估计与系统抽样计算结果比较

表5-2为本次试点459个样地采用双重回归估计得到的各地类结果，以及利用500m×500m实地验证样地、相应空间位置的1/8森林资源清查样地采用系统抽样方法得到的面积成数估计结果差异分析表。

表 5-2　双重回归估计与系统抽样结果差异统计　　　单位：　%

类　别	项　目	大成数地类				小成数地类				
		林地	森林	有林地	乔木林	疏林地	灌木林地	未成林地	无立木林地	宜林地
大样地双重回归	成数之差	1.16	1.03	1.21	1.34	0.05	0.23	0.04	−0.02	0.07
−实地验证	精度之差	4.68	4.55	4.80	4.82	65.57	10.25	25.21	34.24	31.72
大样地双重回归	成数之差	3.08	3.63	5.51	5.52	0.50	−0.59	−0.55	−2.04	0.46
−1/8 清查样地	精度之差	4.98	5.00	5.64	5.67	149.88	28.33	14.53	2.72	44.36
实地验证−1/8	成数之差	1.92	2.60	4.30	4.18	0.45	−0.82	−0.59	−2.02	0.39
清查样地	精度之差	0.30	0.45	0.84	0.85	84.31	18.08	−10.68	−31.52	12.64

　　结果表明：对于林地、森林、有林地、乔木林等大成数地类，采用双重回归估计方法得到的结果与实地验证样地的系统抽样结果比较接近，面积成数差值最大不超过 1.4%。采用双重回归估计方法比实地验证样地的系统抽样方法得到的各地类抽样精度均有一定的提高，其中大成数地类抽样精度平均提高 4.71%，小成数地类抽样精度平均提高 33.40%。相比 1/8 森林资源清查样地，采用大样地双重回归抽样方法得到的大成数地类抽样精度提高 5.32%，小成数地类抽样精度提高 47.96%。采用双重回归估计方法，能明显提高抽样精度。

二、森林蓄积量

（一）乔木林按主要树种（组）蓄积量

　　根据各乔木树种（组）蓄积量所占总乔木林蓄积量的比重合并树种（组），首先将乔木林划分为杉木、马尾松、湿地松＋火炬松、桉树、软硬阔叶林＋阔叶混交林、针叶混交林、针阔混等 7 个树种组，疏林地和经济林地暂不计入。估算结果显示，各树种（组）估算精度均低于 85%，仅桉树、阔叶树估计精度接近 80%，其他树种组估计精度均较低。因此，本研究按针叶树（杉木、马尾松、湿地松、火炬松、针叶混交林）、桉树、阔叶树（软阔、硬阔、阔叶混）、针阔混交林 4 类重新估算。估算结果显示，广东省乔木林（不含经济林）总蓄积量为 44343.57 万 m³，其中，针叶树蓄积量 13307.88 万 m³，阔叶树蓄积量 16161.64 万 m³，桉树蓄积量 8994.71 万 m³，针阔混蓄积量 5879.34 万 m³（表 5-3）。

表 5-3　乔木林主要树种(组)总蓄积　　　　　　　　　　单位：m^3、万 m^3

树种(组)	线性回归式 $(y_i = a + bx_i)$	回归相关系数(r^2)	r 显著性检验(95%)	抽样相对误差(E_a)	样地蓄积估计中值	总蓄积量
针叶树	$y_1 = 0.3633x_1 + 74.265$	0.1861	显著	23.20%	188.21	13307.88
阔叶树	$y_2 = 0.6743x_2 + 109.17$	0.2954	显著	22.02%	228.57	16161.64
桉树	$y_3 = 0.6275x_3 + 75.596$	0.2483	显著	20.76%	127.21	8994.71
针阔混	$y_4 = 0.4836x_4 + 56.982$	0.1054	显著	32.65%	83.15	5879.34
合计					627.14	44343.57

注：本表统计不含疏林、经济林、散生木蓄积，使用 2007 年修正系数。

（二）森林蓄积

广东省第七次连续清查复查成果中，分乔木林、疏林、经济林和散生木统计活立木总蓄积量。因此，按两种口径估算森林总蓄积量。一是仅估算乔木林总蓄积量，二是估算乔木林、疏林、经济林总蓄积量。2012 年，广东省森林(含疏林、经济林)总蓄积量为 44565.59 万 m^3，其中，乔木林(不含经济林)蓄积量为 43859.22 万 m^3，疏林、经济林分蓄积量为 706.37 万 m^3(表 5-4)。

表 5-4　森林总蓄积量估算　　　　　　　　　　单位：m^3、万 m^3

统计口径	线性回归式 $(y_i = a + bx_i)$	回归相关系数(r^2)	r 显著性检验(95%)	抽样误差(E_a)	样地蓄积估计中值	总蓄积量
森林(含疏林、经济林)	$y_1 = 0.7089x_1 + 183.61$	0.4604	显著	9.10%	630.28	44565.59
乔木林(不含经济林)	$y_2 = 0.7116x_2 + 74.265$	0.4636	显著	9.24%	620.29	43859.22
疏林、经济林						706.37

注：本表统计使用 2007 年修正系数。

（三）检验

本研究森林蓄积量年度出数方法，假定基于 2007 年连续清查与二类档案更新成果建立的不同树种(组)公顷蓄积量经验修正系数在一个连续清查周期内稳定，用于非连续清查年森林蓄积量出数，连续清查成果每 5 年对经验修正系数和森林蓄积量检验。

检验结果显示，本研究估算的森林蓄积较 2012 年判读公顷蓄积量经验修正系数估算结果和 2012 连续清查统计结果均偏大。说明不同年份经验修正系数是变化的。根据本研究结果，经验系数的变化会对森林蓄积量估算造成 1% 左右的波动。森林(含疏林、经济林)蓄积量、乔木林(不含

经济林)蓄积量估算与 2012 年连续清查分别相差 6791 万 m^3、8176.51 万 m^3，均超出其误差限（表 5-5）。

表 5-5　森林总蓄积检验对比表　　　　单位：m^3、万 m^3

数据来源	统计口径	线性回归式 ($y_i = a + bx_i$)	回归相关系数 (r^2)	r 显著性检验 (95%)	抽样误差 (E_a)	样地蓄积量估计中值	总蓄积量
本研究	森林（含疏林、经济林）	$y_1 = 0.7089x_1 + 183.61$	0.4604	显著	9.10%	630.28	44565.59
	乔木林（不含经济林）	$y_2 = 0.7116x_2 + 74.265$	0.4636	显著	9.24%	620.29	43859.22
2012 年修正系数	森林（含疏林、经济林）	$y_1 = 0.7192x_1 + 160.76$	0.4636	显著	9.42%	613.93	43409.23
	乔木林（不含经济林）	$y_2 = 0.722x_2 + 151.26$	0.4668	显著	9.57%	604.03	42709.31
2012 年连续清查	森林（含疏林、经济林）	—	—	—	6.11%	—	37774.59
	乔木林（不含经济林）	—	—	—	6.42%	—	35682.71

三、工作量与经费

大样地调查外业按 790 元/工作日（其中外业调查：住宿 180 元、民工 200 元、交通费 300 元、差旅补助 80 元、劳保 30 元），内业按 200 元/工作日，管理费（按以上费用的 8% 计算），其他不可预见费（按以上费用的 3% 计算），按 459 个样点计，需要经费总计 212.02 万元。如果增加蓄积调查，则需增加经费 80.52 万元。详见表 5-6。

表 5-6　大样地（遥感判读 2km×2km，500m×500m 验证）资金估算

单位：个、万元

项　目	调查面积和蓄积				调查面积			
	内业		外业调查		内业		外业调查	
	工日	资金	工日	资金	工日	资金	工日	资金
1. 调查经费	1859	37.18	2865	226.34	1859	37.18	1947	153.81
1.1 技术准备	90	1.8		0	90	1.8		0
1.2 技术培训		0.0	300	23.7		0.0	300	23.7
1.3 判读标志建立	60	1.2	120	9.48	60	1.2	120	9.48

(续)

项　目	调查面积和蓄积				调查面积			
	内业		外业调查		内业		外业调查	
	工日	资金	工日	资金	工日	资金	工日	资金
1.4 目视判读	1377	27.54			1377	27.54		
1.5 大样地实地验证		0.0	2295	181.31		0.0	1377	108.78
1.6 外业检查		0.0	150	11.85		0.0	150	11.85
1.7 内业检查	92	1.84			92	1.84		
1.8 汇总、统计分析	240	4.8			240	4.8		
2. 管理费		3.0		18.11		3.0		12.3
3. 不可预见费		1.12		6.79		1.12		4.61
合　计		41.3		251.24		41.3		170.72
				292.54				212.02

　　根据前面不同抽样组合的用工量分析，如果抽样组合采用 1.5km × 1.5km 与 500m×500m，不作蓄积调查，则调查成本可降低 30.04 万元。

　　本期大样地区划调查结合连续清查复查工作开展。综合监测试点及连续清查复查工作总费用 1060 万元，其中大样地区划调查估测费用为 212.02 万元，约占 20%。

第四节　结论与讨论

一、结论

（一）基于大样地区划调查的面积年度出数方法科学

　　一是大样地调查采用的是双重回归估计方法，具有较强的科学理论基础；二是大样地调查方法可以充分发挥遥感技术的优势，采用大样地调查的双重抽样方案，遥感判读样地与实地验证样地的匹配是"面对面"，可以提高遥感数据的应用效率；三是大样地比一类调查样地具有更好的抗干扰能力，由于大样地扩大了样地面积，特殊对待样地认定相对容易，并且可以根据需要适时移动验证样地的位置，能在一定程度上预防和减轻特殊对待的影响；四是采用双重回归估计抽样方法比实地验证系统抽样方法得到的各地类抽样精度均有一定的提高，其中林地、森林、有林地、乔木林

地等大面积成数地类抽样精度平均提高近 5 个百分点，小成数地类抽样精度平均提高 30 个百分点以上；五是采用双重抽样回归估计比实地验证样地采用简单系统抽样方法可以节省外业调查工作量 40% 以上，外业调查样地只要一类调查样地的 1/8 左右。

（二）基于大样地区划调查的面积年度出数方法经济可行

一是大样地调查内容简单，主要调查了地类、起源、优势树种(组)、龄组等级、郁闭度等几项常见因子，相比一类调查、二类调查，调查因子只有其 1/10。二是大样地调查充分利用了遥感信息与各种档案信息，实地验证样地外业调查相比传统二类调查简单，外业调查时可将遥感判读成果叠加地形图、遥感影像进行实地核实，只需对地类发生变化、属性因子有错的小班进行界线调绘、修正。由于验证样地面积也不大，区划小班也不多，每个样地能当天完成，质量也相对容易控制，外业调查质量有保障。三是一个省的大样地调查工作投入人员相对较少，一般专业遥感判读人员 10 名以上、外业调查人员 50 名以上足够，相比一类调查、二类调查，人力至少减少 5~10 倍；且外业调查样地少，外业调查时间明显缩短。四是目前全国各省(自治区、直辖市)都成立了林业信息中心，长期从事遥感监测工作，具有一定的遥感图像处理技术与判读经验，技术力量和设备可行。五是根据本次试点的大样地调查成本核算结果，一个省的大样地调查平均总费用约在 200 万元左右(不含蓄积调查)，经费适中。如对试点方案作进一步优化，减小样地面积，调查成本还可以进一步减少，如采用 1.5km×1.5km 与 500m×500m 抽样组合，可进一步减少成本约 10%。

（三）能够产出精度可靠的林地、森林、有林地和乔木林地等大地类面积

本次试点以 2km×2km 遥感区划判读样地为一重样本，500m×500m 地面验证样地为二重样本，得到的林地、森林、有林地和乔木林地 4 个大成数地类的抽样精度均达到 95% 以上，产出的结果有较强的可靠性。与全部一类调查样地产出的成果比较，结果也比较接近，抽样精度也相差在 1% 以内。如果调查时遥感数据时效性进一步提高，抽样精度还会有一定的提升，得到的结果也会更加客观准确。

对于疏林地、未成林地、无立木林地、宜林地等小成数地类，其抽样精度均在 80% 以下，统计结果精度难以得到保证，且遥感判读与实地验证得到的小成数地类成数之间的 r^2 均在 0.18 以下，采用双重回归估计提高抽样效率作用不大。但其得到的调查结果与一类调查比较趋近，能较好地反映其变化趋势。

（四）相比年度更新档案，大样地调查结果更趋于一类调查

大样地调查数据与年度更新档案数据（2012 年度）均大于一类调查数据。大样地调查、2012 年二类更新档案得到的森林覆盖率分别与一类调查相差 3.57%、7.80%，有林地面积分别相差 6.67%、9.18%。大样地调查数据居于一类调查与年度更新档案数据之间。但调查结果更趋于一类调查。如果进一步排除因大样地面积扩大，易造成小成数地类归入到主要优势地类森林、有林地等造成面积增大外，大样地调查结果将更加趋于一类调查。

（五）基于蓄积判读和修正的森林蓄积量出数方法产出数据偏差大

本方法估算的森林蓄积量比连续清查蓄积量大18% ~23%，超出连续清查森林蓄积量估计误差限较大。分析显示，产生误差的原因主要有 3 点：一是遥感判读小班公顷蓄积量经验不足，遥感判读公顷蓄积量较实际偏大；二是影响修正系数的因素复杂，难获取准确的修正系数；三是受遥感影像限制，树种(组)判读精度较低，导致同一样地，修正后判读树种蓄积量与对应二类档案蓄积量匹配度差，线性回归相关系数低。可见，替代蓄积量实测的方法不宜用于省级森林蓄积量年度出数。

（六）基于大样地的森林蓄积量出数方法理论可行，可探索实测蓄积量方案可行性

森林面积、蓄积量出数统一基于 2km×2km 大样地体系下，从抽样理论角度来说，该方法是可行的，且森林面积的试点结果已经证明。本次试点蓄积量出数结果表明，森林蓄积量估算精度可接近90%，满足出数精度要求，但各树种(组)蓄积量估算精度较低。其计算结果与连续清查产生的偏差主要是样本均值本身的偏差导致，根本原因是遥感判读的蓄积量与实际蓄积量误差较大。因此，采用对 500m×500m 实地验证小班蓄积量实测的方法，将能较准确获取实测样本的真实值，在估计精度不降低的情况下，可缩小与连续清查数据的差异。基于蓄积量实测的大样地森林蓄积量年度出数方法的可行性需进一步探索。

二、讨论

（一）大样地调查结果与现行清查结果不可能完全衔接一致

由于调查方法的不同，采用大样地调查方法得到的结果与现行一类调查结果、二类调查结果不可能完全一致。如会造成森林覆盖率指标几个百分点的跳动。同时，由于样地面积扩大，易造成小成数地类归入到主要优势地类中。一般情况下，大样地调查方法得到的主要森林资源指标结果会

大于一类调查结果。特别是，国家"十二五"规划和 2020 年森林资源发展目标均是基于现有清查结果确定的。未来大样地调查结果将会导致发展目标提前实现，将会引起社会公众的误解，对森林资源清查乃至林业工作带来一定的负面影响。如果推广应用时，可考虑非连续清查年以大样地成果出数，连续清查年则以连续清查成果出数。

（二）大样地调查不能产出可靠精度保证的年度面积变化量

由于每年森林发生面上变化的量较小，大样地对其估计的抽样效率低，在成本控制前提下，不能产出具有可靠精度保证的年度森林面积变化量数据。

（三）以大样地进行"双增"目标考核，存在样地特殊对待风险

如果将大样地调查产出的森林资源结果，用于考核省级政府森林增长指标，必然会引起各地对大样地的重视，固定样地特殊对待风险加大，可能导致大样地调查结果的系统性偏差，从而影响考核结果的准确性与客观性。

由于大样地调查采用双重回归抽样，样地数大量减少，只要对少数样地进行特殊对待，就会轻易影响到调查结果。如某省原森林覆盖率为 50%，布置大样地为 459 个，则只要特殊对待 5 个样地，就会造成森林覆盖率 1.09% 的变化。

森林资源监测体系数据协同

第一节　目的意义

目前，全国各省（自治区、直辖市）一类调查与二类调查两个体系基本上是独立运行、互不衔接的，因此普遍存在监测结果不协调问题，国家与地方存在不一致的两套数，且往往二类调查数据偏大（曾伟生等，2003；刘三平等，2011）。两套数据的存在，容易造成行业内部数据使用混乱，必将产生国家决策与地方实施断层、规划与计划不符、经营与管理脱节等问题。

近年来，国家林业局提出，要积极推进森林资源监测体系优化改革，逐步建成服务高效的森林资源一体化监测体系，最终实现国家和地方森林资源监测工作"一盘棋"、森林资源"一套数"、森林分布"一张图"的管理目标。2009年，胡锦涛主席在联合国气候变化峰会上提出了"力争到2020年森林面积比2005年增加4000万 hm^2、森林蓄积量比2005年增加13亿 m^3"的林业"双增"目标，并作为地方各省（自治区、直辖市）森林资源目标责任制进行考核。为此，国家林业局在2012年广东省森林资源连续清查第七次复查时，提出利用大样地区划调查方法，开展不同监测体系数据协同性分析试点工作，为衔接两类调查体系、产出国家与地方协同的森林资源"一套数"、实行"双增"目标责任制考核提供科学依据。

第二节 技术方法

一、大样地调查

按 24km×16km 间距系统抽样，以公里网交叉点为中心点布设 459 个 500m×500m 区划调查样地与 2km×2km 遥感判读样地，进行实地地类调查区划和室内遥感地类判读。利用实测面积成数和判读面积成数，按双重回归估计方法得到各地类面积估计值；按不同树种、不同龄组统计的一类调查公顷蓄积量同二类档案公顷蓄积量之比值，修正 500m×500m 实测样地的遥感判读蓄积量（不同的斑块遥感判读蓄积，可直接利用就近范围相似影像的斑块档案蓄积量作为判读蓄积量），利用该修正蓄积量和二类档案蓄积量，按双重回归估计方法得到森林蓄积估计值。

二、抽样统计

一类调查采用 6km×8km 点间距系统抽样，全省共设置面积为 0.0667 hm² 的正方形样地 3685 个。按数理统计方法，计算面积、蓄积量中值，并根据抽样精度计算面积、蓄积量估计区间。

二类调查采用全面区划调查方法，面积、蓄积量通过县、市、省三级逐级进行汇总统计。

三、对比分析

将一类调查、大样地调查、二类调查的面积、蓄积量进行对比分析，通过分析其差异性，探讨不同调查体系之间数据的协同性。

第三节 主要结果

一、不同体系数据统计结果

根据 2012 年一类调查数据统计结果，全省林业用地面积 1031.83 万

hm^2，抽样精度 98.41%，抽样估计区间为 1015.41 万 ~ 1048.25 万 hm^2。森林面积861.52 万 hm^2，抽样精度 98.39%，抽样估计区间为 847.61 万 ~ 875.43 万 hm^2。活立木蓄积量 3.78 亿 m^3，其中乔木林蓄积量 3.55 亿 m^3，抽样精度 93.59%，抽样估计区间为 3.32 亿 ~ 3.78 亿 m^3；经济林、疏林和散生木蓄积量计 0.17 亿 m^3；四旁树蓄积量 0.06 亿 m^3。

根据大样地调查数据统计结果，全省林业用地面积 1056.90 万 hm^2，抽样精度 96.08%，抽样估计区间为 1015.47 万 ~ 1098.33 万 hm^2。森林面积908.92 万 hm^2，抽样精度 95.88%，抽样估计区间为 871.47 万 ~ 946.37 万 hm^2。活立木蓄积 4.54 亿 m^3，其中乔木林蓄积量为 4.27 亿 m^3，抽样精度 90.43%，抽样估计区间为 3.86 亿 ~ 4.68 亿 m^3；经济林、疏林和散生木蓄积计 0.18 亿 m^3；四旁树蓄积 0.09 亿 m^3。

根据 2012 年二类调查档案数据统计结果，全省林业用地面积 1097.16 万 hm^2。森林面积 1024.24 万 hm^2。活立木蓄积 4.92 亿 m^3，其中乔木林蓄积 4.69 亿 m^3；经济林、疏林和散生木蓄积计 0.11 亿 m^3；四旁树蓄积 0.12 亿 m^3。

一类调查、大样地调查和二类调查的面积、蓄积统计结果详见表6-1。

二、不同体系数据差异分析

（一）大样地调查与一类调查

1. 林业用地面积

由大样地调查方法推算的全省林业用地面积估计中值，与一类调查林业用地面积相差 25.07 万 hm^2，差异为 2.43%，虽然大样地调查数据高于一类调查，但差异不显著。大样地调查抽样估计区间与一类调查部分吻合（下限相同，上限偏低）。

导致两者面积差异的主要原因有二：一是抽样精度存在差异，大样地调查林业用地面积抽样精度为 96.08%，低于一类调查的 98.41%。二是抽样影响，大样地调查扩大了样地面积，一定程度上增强了调查体系的抗干扰能力，若抽样样本合理时其调查统计精度应介于抽样与全查之间，其调查统计结果接近真实的可信度应高于一类调查，可判定抽样效率会更高。

2. 森林面积

由大样地调查方法推算的全省森林面积估计中值，与一类调查估计中值相差 47.40 万 hm^2，差异为 5.50%。其抽样估计区间，与一类调查抽样估计区间只有很少的重复。由大样地调查方法计算森林覆盖率为 54.40%，

表6-1 一类调查、大样地调查和二类调查各地类面积、蓄积统计表

单位：万 hm²，亿 m³，%

项目	一类调查数据			估计区间		大样地数据			估计区间		二类调查数据 原有		平衡后	
	抽样精度	估计中值	比例	下限	上限	抽样精度	估计中值	比例	下限	上限	数值	比例	数值	比例
面积														
总面积		1767.69	100.00				1767.69	100.00			1794.50	100.00	1767.69	100.00
一、林业用地	98.41	1031.83	58.37	1015.41	1048.25	96.08	1056.90	59.79	1015.47	1098.33	1097.16	61.14	1080.87	61.15
1 森林	98.39	861.52	48.74	847.61	875.43	95.88	908.92	51.42	871.47	946.37	1024.24	57.08	1008.63	57.06
1.1 乔木林		697.48	39.46			94.96	790.58	44.72			863.65	48.13	850.48	48.11
1.2 乔木经济林		9.60	0.54				14.97	0.85			77.01	4.29	75.84	4.29
1.3 竹林＋国家灌木林		154.44	8.74			78.37	103.37	5.85			83.58	4.66	82.31	4.66
2 其他林业用地		170.31	9.63			80.44	147.98	8.37			72.92	4.06	72.24	4.09
二、非林地	98.41	735.86	41.63	724.15	747.57	96.08	710.79	40.21	682.93	738.65	698.04	38.90	686.82	38.85
非林地中森林		44.61					60.66				35.58		35.44	
蓄积量														
活立木	93.90	3.78	100.00	3.55	4.01	90.58	4.54	100.00	3.93	4.75	4.92	100.00	4.84	100.00
一、林业用地		3.72	98.41				4.45	98.02			4.80	97.56	4.72	97.52
1 乔木林	93.59	3.55	93.92	3.32	3.78	90.43	4.27	94.05	3.86	4.68	4.69	95.33	4.61	95.25
1.1 针叶树		1.01	26.72				1.23	27.09			2.20	44.72	2.16	44.63
1.2 阔叶树		1.65	43.65				1.71	37.67			1.40	28.46	1.38	28.51
1.3 桉树		0.52	13.76				0.74	16.29			0.64	13.01	0.63	13.02
1.4 针阔混交林		0.37	9.79				0.59	13.00			0.45	9.15	0.44	9.09
2 其他林业用地（包括经济林、疏林和林散生木）		0.17	4.49				0.18	3.97			0.11	2.23	0.11	2.27
二、非林地（四旁树）		0.06	1.59				0.09	1.98			0.12	2.44	0.12	2.48

注：二类调查数据平衡过程：①全省林地重叠面积约11.88万 hm²，推算森林面积约11.05万 hm²，固土面积约19.60万 hm²，将原有面积扣除重叠面积；②再将国土面积统一到1767.69万 hm²，其他地类面积按照面积权重方法进行平衡。

与一类调查的 51.26%，相差 3.14 个百分点，差异为 6.13%（在计算森林覆盖率时，森林总面积包括林业用地中的森林面积以及非林地中的森林面积）。两类调查中，大地类（乔木林）与小地类（竹林、经济林、非经济国家灌木林、其他林地）之间存在较大差异。大地类中大样地调查面积高于一类调查，小地类则相反。

造成各地类面积差异的主要原因是遥感判读的错误及精度。首先，遥感判读错误导致乔木林面积偏大，如覆盖度较高的其他灌木林地和乔木林、国家灌木林地的遥感影像极为相似，因判读人员或多或少存在的专业倾向，会将其误判为乔木林或国家灌木林地；其次，无论在内业判读还是外业调查时，专业技术人员往往更加关注林地或森林，潜意识地渗透专业倾向，如在大片非林地中，小面积的林地或森林往往进行区划，而在整片的林地或森林中，对小面积的非林地，则未必进行勾绘；最后，遥感影像处理或遥感判读时，大地类主色块在区划判读时会因权重偏高，容易造成大地类面积挤兑小地类面积现象，而广东林地特点是主色块为乔木林。

3. 森林蓄积量

由大样地调查方法推算的全省活立木蓄积量统计中值，与一类调查活立木蓄积量统计中值差 0.76 亿 m^3，差异达 20.11%。其中乔木林蓄积量，与一类调查相应蓄积量差 0.72 亿 m^3，差异达 20.28%，抽样估计区间为与一类调查估计区间完全没有重复；其他林地（包括经济林、疏林和散生木）蓄积量，与一类调查相应蓄积量相差仅 0.01 亿 m^3；四旁蓄积量，与一类调查相应蓄积量相差 0.03 亿 m^3。

由于两类调查中其他林地蓄积量和四旁蓄积量所占比例较小，且两种蓄积量之和差异不大，再考虑一类调查未将经济林蓄积量计入森林蓄积量等原因，故森林蓄积量差异分析时仅考虑乔木林蓄积量，而不计经济林蓄积量。从平均公顷蓄积量计算结果可知，大样地调查乔木林平均公顷蓄积量为 54.01 m^3，与一类调查 50.90 m^3 相差仅 6.11%，差异不大，造成此差异原因在于遥感判读、抽样及蓄积量未实地调查。但进一步分析两类调查森林面积特别是乔木林面积可知，导致两者蓄积量差异的主要原因在于乔木林面积差异（大样地调查乔木林面积 790.58 万 hm^2，一类调查乔木林面积 697.48 万 hm^2），具体差异原因分析详见森林面积差异分析。

（二）大样地调查与二类调查

1. 林业用地面积

根据 2012 年二类调查档案统计结果，全省林业用地总面积，与大样地调查林业用地总面积差 40.26 万 hm^2，差异为 3.81%，基本判定落在大

样地调查抽样估计区间的上限位置。

造成林业用地面积差异主要原因如下：一是技术标准差异，大样地调查将广东部分石山划入未利用地（非林地），而二类调查划入暂难利用地或国家灌木林或乔木林地（林业用地）；二是根据广东做法，全省二类调查以各县林业局及各乡镇林业站技术人员为调查主体，由于基层调查人员技术水平参差不齐，难免会出现一些技术偏差，如林地边界勾绘不准，而将小片石场、废弃矿区、林区农田、小片农舍等勾绘为林地，从而导致林业用地面积比实际偏大；三是对小面积开矿、采石、取土、建房等用地现象，林业主管部门监管滞后或未完全到位，未能在二类档案中准确体现，林业用地面积有虚高之嫌。

2. 森林面积

由数据统计结果可知，平衡后二类调查森林面积比大样地调查森林面积估计中值高出 99.71 万 hm²，两者差异高达 10.97%，差异较为显著。且统计结果明显落在大样地调查森林面积抽样估计区间之外。由大样地调查方法计算森林覆盖率为 54.40%，与二类调查的 59.06% 相差 4.66 个百分点，差异为 7.89%。

将经济林从乔木林和国家灌木林中分离出来后，虽然乔木林、竹林、经济林、非经济国家灌木林和其他林地面积区划结果均未落入大样地调查估计区间内，但只有乔木林、非经济国家灌木林和其他林地面积差异极为显著，其中乔木林面积二类调查比大样地调查高出 59.90 万 hm²，非经济国家灌木林面积二类调查比大样地调查高出 31.69 万 hm²，其他林地面积二类调查则比大样地调查少 75.73 万 hm²。

造成面积统计结果差异的主要原因如下：一是受林业目标责任制考核约束，各地林业部门未严格、准确、及时上报森林采伐、森林火灾等统计资料，造成二类档案更新不到位，该部分林地在档案中仍体现为乔木林，与现状存在较大偏差；二是如同林业用地面积差异分析，因基层调查技术水平、林业主管部门林地监管滞后或未完全到位等原因，造成二类档案乔木林面积有虚高之嫌；三是技术标准差异，大样地调查将广东部分石山上逐年郁闭的非经济国家灌木林划判为其他灌木林或未利用地（非林地森林），而二类调查则已划入国家灌木林或乔木林地。

森林覆盖率差异除以上原因外，还在于非林地森林面积统计误差。大样地调查将非经济国家灌木林部分划判为未利用地（非林地森林），导致非林地森林部分偏高，而二类调查档案中所提非林地森林基本为 2004 年初调查数字，未能真实反映广东生态建设成效应属偏低，认为两者平均较为符合实际。

3. 森林蓄积量

根据数据统计结果，平衡后二类调查乔木林蓄积量为 4.61 亿 m^3，比大样地调查蓄积估计中值多 0.23 亿 m^3，相差 5.25%，基本落在大样地调查抽样估计区间之内，但靠近区间上限，差异不大。从平均公顷蓄积计算结果可知，大样地调查与二类调查档案乔木林平均公顷蓄积分别为 55.40 m^3/hm^2 和 54.20 m^3/hm^2，也基本接近。

因此可认为，乔木林面积的差异，是造成两类调查乔木林蓄积差异的主要原因。具体差异原因详见森林面积差异分析。

（三）一类调查与二类调查

1. 林业用地面积

由数据统计结果可知，经平衡后二类调查档案林业用地面积为 1080.87 万 hm^2，比一类调查林业用地面积估计中值多 49.04 万 hm^2，相差 4.75%，差异较为显著，且统计结果明显落在一类调查抽样估计区间之外。

由前面大样地调查和一类调查、二类调查林业用地面积差异分析可知，两类调查林业用地面积差异主要原因在于：一类调查将石山划入未利用地(非林地)、二类调查林地边界勾通绘技术误差、林业主管部门监管滞后或未完全到位等。

2. 森林面积

经平衡后二类调查森林面积比一类调查森林面积估计中值多 147.11 万 hm^2，差异达 17.07%，明显落在一类调查抽样估计区间 847.61 万 ~ 875.43 万 hm^2 之外，差异极为显著。由一类调查方法计算森林覆盖率为 51.26%，与二类调查的 59.06% 相差 7.80 个百分点，差异达 13.21%。

从表 6-1 中可以看出，虽然乔木林、竹林、经济林、国家灌木林和其他林地面积区划结果均未落入一类调查估计区间内，但只有乔木林和其他林地面积差异极为显著，其中乔木林面积二类调查比一类调查高出 153.00 万 hm^2，其他林地面积二类调查则比一类调查少 98.06 万 hm^2。

由前面大样地调查和一类调查、二类调查森林面积差异分析可知，两类调查森林面积差异主要原因在于：二类调查受林业目标责任制考核约束、基层调查技术水平和林业主管部门林地监管滞后或未完全到位、郁闭石山统计标准差异等。森林覆盖率差异原因还在于非林地森林面积统计误差。一类调查将部分石山非经济国家灌木林划判为未利用地(非林地森林)，导致非林地森林部分偏高，而二类调查档案非林地森林面积偏低。

综合而言，在扣减技术标准差异后，森林面积差异虽会少有下降，但二类调查和一类调查的森林面积差异仍然很大。分析认为广东森林面积特别是乔木林面积，应介于两者之间，但会极端接近一类调查统计数据。森林覆盖率理应介于一类调查和二类调查之间，但更加偏向于一类调查。

3. 森林蓄积

根据数据统计结果，平衡后二类调查乔木林蓄积比一类调查蓄积估计中值多 0.83 亿 m^3，差异达 21.96%，完全落在抽样区间 3.32 亿 m^3 之外，差异显著。通过平均公顷蓄积量计算进一步分析可知，一类调查和二类调查乔木林平均公顷蓄积量分别为 50.90m^3 和 54.20m^3，两者相差 6.48%，造成此差异的主要原因为两类调查蓄积统计采用的材积表不同（一类调查蓄积统计采用一元材积表，二类调查蓄积统计采用二元材积表，在对新编二元材积表检验时发现，利用二元材积表统计全省森林蓄积比用一元材积表统计高出 9% 左右）。

因此，在扣除材积表差异后可认为：乔木林面积的差异，是造成两类调查乔木林蓄积差异的主要原因。本质上两类调查公顷蓄积相差甚微，说明二类调查档案数据更新方法基本可行。具体差异原因详见森林面积差异分析。

第四节　结论与讨论

一、结论

（一）一类调查相对准确、可靠，更接近真实

一类调查和二类调查林业用地面积相差不大，但森林面积和森林蓄积差异显著，分别相差 162.72 万 hm^2 和 1.06 亿 m^3，且二类调查高于一类调查。造成两者差异的原因有：二类调查档案更新不及时、统计标准差异、行政边界争议导致面积重叠、使用不同材积表等，并认为最根本原因在于二类档案更新不及时导致乔木林面积偏高，其他林地（其他灌木林、采伐迹地、火烧迹地等）面积偏低。分析研究表明，虽然两类调查体系技术之间是无偏的，但实际二类调查数据比一类调查偏高，认为一类调查数据相对准确、可靠，更接近真实。

（二）大样地区划调查的大地类面积介于一、二类调查之间，或可作为一类调查年度出数方法

大样地调查林业用地面积、森林面积和森林蓄积介于一类调查和二类调查之间。其中大样地调查林业用地面积估计中值为 1056.90 万 hm^2，与一类调查 1031.83 万 hm^2 和二类调查 1080.87 万 hm^2（平衡后）差异均不明显。森林面积估计中值为 908.92 万 hm^2，更趋近于一类调查 861.52 万 hm^2，与二类调查 1008.63 万 hm^2 差异较明显，主要来源于乔木林、其他林地（其他灌木林、采伐迹地、火烧迹地等）面积差异。森林蓄积估计中值为 4.27 亿 m^3，略为趋近于二类调查 4.61 亿 m^3（平衡后），与一类调查 3.55 亿 m^3 相差较大，主要原因来自于遥感精度、抽样精度、森林蓄积未作实地调查、材积表差异等。研究结果表明，尽管森林面积、森林蓄积未完全接近一类调查或二类调查，但若能进一步改进技术方法（增加大样地抽样样本、部分蓄积实测），大样地调查用于一类调查、二类调查数据协同性分析以及考核各省（自治区、直辖市）"双增"目标完成情况是可行的。通过进一步试点研究完善后，可作为一类调查年度出数方法。

二、讨论

（一）改进大样地调查

大样地调查主要采用地面调查与遥感判读相结合的双重抽样方法，调查成果与抽样精度和遥感判读精度密切相关。本研究结果表明，大样地调查抽样精度略为偏低，建议适度扩大大样地的样本数量（分析表明样本数量增至一类调查样地数量的 1/6 较为经济可行），从而提高大样地调查抽样精度；另一方面可通过提供高分辨率遥感影像和专业培训遥感判读人员提升判读水平，以提高遥感判读精度。

（二）避免样地特殊对待

为提高大样地调查体系抗干扰能力，建议采用固定样地与临时样地相结合的调查方法，减少样地特殊对待现象的发生，提高调查成果的真实性。

（三）开展蓄积实地调查

本次大样地调查只作地类面积区划，未作蓄积量调查，蓄积量估计可信度不高。建议在全国推广时，应在一类调查当年大样地调查时采用角规控制检尺方法调查森林蓄积量，便于建立精准的实地调查蓄积量与遥感判读蓄积量关系模型，从而提高森林蓄积量的估测精度，提升森林蓄积量的估测可信度。

第七章

广东森林植物碳汇潜力

第一节　目的意义

　　全球正在发生着以变暖为特征的气候变化。全球气候变化不仅会对生态安全、能源安全、淡水安全、食物安全和人类健康带来危害，而且对经济发展、社会稳定和全人类的生存发展造成严重影响，成为全球政治议程的重大主题。如何应对全球气候变化，是人类面临的重要课题。全世界各国已形成共识：有效控制人类活动，减少温室气体的排放或增加温室气体的吸收，是减缓和适应气候变化的有效措施。世界公认的温室气体减排主要有两条途径：一是直接减排，又称工业减排，即通过技术改造、提高能源利用率等工程措施减少温室气体的绝对排放量；二是间接减排，主要是通过以森林为主体的森林生态系统吸收二氧化碳。

　　1992 年，联合国制定了《联合国气候变化框架公约》，明确提出了"碳汇"概念。此后，国际社会多次组织高级别会议讨论全球减排措施及目标。1997 年制定了《京都议定书》，要求签约的发达国家和经济转轨国家在2008 - 2012 年的第一个承诺期内，将温室气体排放总量在 1990 年基础上平均减少 5.2%。2007 年第 62 届联合国大会审议通过了《国际森林文书》，呼吁国际社会和各国政府：履行对林业可持续发展的政治承诺，制定和实施国家林业发展战略和规划，将林业发展纳入国家经济社会发展总体规划；加强林业立法和执法，强化林业行政管理和林业机构能力建设；加强森林保护，减少毁林，遏制森林退化，加快已毁森林的恢复进程；增加林业投入，扭转林业建设资金不足的局面；促进技术交流，提高森林可持续经营水平。2007 年，《巴厘路线图》将增加森林面积而增加的碳汇也作为减缓措施纳入气候谈判进程，进一步提升了林业在应对全球气候变化中的重要地位。2007年，政府间气候变化专门委员会(IPCC)发布了《第四次气候变化评估报告》。报告指出，林业具有多种效益，是未来30～50年增加碳汇、减少排放的低成本经济可行的重要措施。2011年12月9日闭幕的德班世界气候大会决定继续《京都议定书》第二承诺期，并于2013年开始实施，避免了《京都议定书》第一承诺期结束后出现空档。大会还决定正式启动绿色气候基金，并成立了绿色气候基金管理框架。

2006年11月，"中国广西珠江流域再造林项目"作为全球第一个清洁发展机制林业碳汇项目获得了联合国清洁发展机制执行理事会的批准，成为全球第一例获得注册的清洁发展机制下的再造林碳汇项目。2009年，中央1号文件明确要求建设现代林业，发展碳汇林业。2009年6月中央林业工作会议上提出在应对气候变化中林业具有特殊地位，发展林业是应对气候变化的战略选择。2009年9月举行的联合国气候变化峰会上，中国政府作出森林面积和蓄积量"双增"的承诺。同年11月，国家林业局组织研究编制了《应对气候变化林业行动计划》。2011年5月，国家林业局局长贾治邦表示，中国除了增加森林面积外，还力争到2020年增加森林碳汇4.16亿t。

广东是全国能源消耗大省，能源消费的快速增长与区域环境容量之间的矛盾日益突出，二氧化碳人均排放量高于全国平均水平，节能减排任务艰巨。要强化低碳发展的引擎作用，积极培育发展低碳产业和低碳技术，逐步形成广东经济特色的低碳产业链。根据国家发展改革委《关于开展低碳省区和低碳城市试点工作的通知》要求，广东制定了《广东省开展国家低碳省试点工作实施方案》，加快经济发展方式转变、推动生活方式和消费模式转型、推动经济社会又好又快发展。同时，大力培育森林资源，增加森林碳汇，促进森林间接减排。

大力发挥森林的碳汇功能，充分发挥森林在应对气候变化中的独特作用，必须首先摸清广东省森林植物的碳储量现状，分析广东省森林植物的碳汇潜力，正确地评价森林在广东省低碳发展中的作用和贡献。一方面为制定相关节能减排政策提供基础数据支持；另一方面为低碳示范省试点提供新的发展思路。因此，开展广东省森林植物碳汇现状与潜力研究显得尤为重要。

第二节　技术方法

一、研究方法综述

（一）森林植物碳含率

植物碳含率是估算植物碳储量必需的基本参数，对它们的准确测定是估算森林植物碳汇量的基础。碳含率的确定主要有 3 种方法：常数值法、直接测定法、分子式法。

1. 常数值法

为简化计算，国际上常用的植物碳含率为 0.45 或 0.50，我国部分学者采用 0.45（周玉荣等，2000；王效科等，2001）或 0.50（刘国华等，2000；方精云等，2000；马钦彦等，1996），部分学者采用 0.44。由于不同树种的碳含率存在比较大的差异，因此，采用这种方法计算碳储量过于笼统。

2. 直接测定法

直接测定法：主要通过伐取各树种标准木，收集树干（去皮）、干皮、枝、叶、根等样品，粉碎烘干，采用实验方法直接测定植物碳含率。李铭红（1996）、阮宏华（1997）、方运霆（2002）、马钦彦（2002）、莫江明（2003）、田大伦（2004）、周国模（2004）、王兵（2007）、唐宵（2007）、王立海（2008）等学者针对不同地区或不同树种的碳含率做了大量的测定研究工作，为森林生态系统的碳汇研究提供了直接的计量依据。碳含率的直接测定法主要分为两种，即干烧法与湿烧法。干烧法采用元素分析仪进行样品分析；湿烧法采用重铬酸钾硫酸氧化法进行样品分析。由于要花费大量的人力、物力，大多研究没有采用这种方法。

3. 分子式法

分子式法是利用植物结构分子式推算植物碳含率的方法。植物体中，除水和少量矿物质，还含有大量的有机物质。这些有机物的构成元素以碳、氢、氧为主，氮、硫、磷为辅，其他氯、铁、镁、硅、钙、氟、钠、钾、锰、铝等则含量极微。在不同的树种中，微量元素的含量不同（王佩卿，1983），但组成植物细胞壁的结构成分如纤维素、半纤维素和木质素中的碳含率却是相同的，不因树种不同而不同。

纤维素化学结构的分子式为$(C_6H_{10}O_5)_n$（n 为聚合度）。半纤维素的分子式为$(C_5H_8O_4)_n$。木质素的结构单元是苯丙烷，共有 3 种基本结构（非缩合型结构），即愈创木基结构、紫丁香基结构和对羟苯基结构。不同树种的木质素的结构单元也不相同，如针叶树木质素以愈创木基结构单元为主，紫丁香基结构单元和对羟基结构单元很少或没有。根据纤维素、半纤维素的分子式，以及分子式中各种元素的原子量、含有原子的个数，可以得到碳元素占纤维素重量的 4/9，占半纤维素重量的 5/11。根据木质素结构单元的不同，碳元素在分子中的含量分别为 82.2%（愈创木基结构）、70.6%（紫丁香基结构）、86.4%（对羟苯基结构）。根据不同树种中纤维素、半纤维素、木质素的组成比例，以及纤维素、半纤维素和木质素中碳元素所占重量比例，就可以得到不同树种的碳含率。如：

碳含率 = 纤维素含量 × 4/9 + 半纤维素含量 × 5/11 + 木质素含量 × 82.2%

（二）森林植物碳储量

森林所具有的生态服务功能长期以来都是科学家研究的重点，然而森林碳汇功能直到近些年来才引起社会和诸多学者重视。森林在陆地生态系统中具有巨大的碳储存能力，增加森林的碳汇量是世界公认的最经济有效的减缓 CO_2 浓度上升的方法。森林碳循环是全球变化与陆地生态系统（GCTE）关系研究的重点内容之一。科学地计量与评估森林生态系统的固碳能力和碳储量，对于快速准确地计量与评估森林生态系统的碳储量变化速率具有极其重要的意义。

我国森林植物生物量测定最早是由潘维寿、冯宗炜等人于 20 世纪 70 年代末、80 年代初开始进行的，研究人员陆续对全国森林植物生物量及几大区域森林生物量进行了测定、模拟研究，相关研究资料较为丰富。但由于各研究者所侧重的领域有所不同，在研究地点、研究方法及森林类型等方面也存在差别，使得碳储量的研究结果有所差异。

对于某一森林类型，森林的生产力和生物量与森林自身的生物学特性，如蓄积量、林龄等有密切的联系。因此，充分合理利用森林资源清查资料，结合已有的研究结果，可以提出评估不同类型森林碳收支的技术和方法。利用森林资源清查资料、模型和遥感数据也可从不同角度对我国森林生态系统的碳储量和碳密度进行分析（张骏，2010；曹吉鑫，2009；张茂震，2009）。

目前，森林植物碳储量的主要研究方法有样地清查法、微气象法、模型估算法、地面碳同位素法。

1. 样地清查法

样地清查法是指通过设立典型样地，准确测定森林生态系统中植被、

枯落物或土壤等碳库的碳储量，并通过连续观测来获得一定时期内的碳储量变化情况的推算方法。主要可分为 3 类：平均生物量法、生物量转换因子法和生物量转换因子连续函数法。3 种计算方法由相同数学推理方法得来。

森林资源清查资料具有分布范围广、包含森林类型多、测量因子容易获得、时间连续性强等优点（焦秀梅，2005），基于森林资源清查数据进行的大区域森林生物量的估算，一直是人们关注的焦点（光增云，2007）。

近年来，国内较多学者基于区域性的森林资源清查资料，开展了不同区域范围内的森林生物量和碳储量研究，先后建立了主要树种生物量测定的相对生长方程，估算了它们的生物量，为评价区域尺度的生态质量和研究我国森林生态系统的碳汇能力提供了重要参考。

利用植物生物量方法估测森林植被碳储量是目前比较流行和应用最为广泛的方法（焦燕，2005），其优点是直接、明确、技术简单、实用性强。目前我国对森林碳储量的估计，无论在森林群落或森林生态系统尺度上还是在区域、国家尺度上，普遍采用的方法是通过直接或间接测定森林植被的生物现存量（W）与生产量（ΔW）计算森林碳储量（T_c）和生产量（P_c），再乘以植物体中的碳元素含量（碳含率 C_c）推算求得。

$$T_c = \sum_{i=1}^{n} A_i W_i C_{ci}$$

$$P_c = \sum_{i=1}^{n} A_i \Delta W_i C_{ci}$$

式中：T_c——森林碳贮量（t）；

$\quad\quad P_c$——森林年固碳量（t）；

$\quad\quad A_i$——第 i 种优势树种（组）的森林面积（hm^2）；

$\quad\quad W_i$ 和 ΔW_i——第 i 种优势树种的单位面积生物现存量和生产量（t/hm^2）；

$\quad\quad C_{ci}$——第 i 种优势树种（组）的碳含率（%）。

森林群落的生物量及其组成树种的碳含率是研究森林碳储量的关键因子，对它们的准确测定及估计是估算森林碳汇量的基础。

2. 微气象学方法

微气象学方法包括涡度相关法、弛豫涡旋积累法、箱式法。

涡度相关法是一种直接测定植被与大气间 CO_2 通量的方法，通过在林冠上方直接测定 CO_2 的涡流传递速率，从而计算出森林生态系统吸收固定 CO_2 量。此法为目前测定地气交换最佳的方法之一，也是世界上 CO_2 和水热通量测定的标准方法，已被广泛地应用于估算陆地生态系统中物质和能量的交换。该方法可测得生态系统长期或短期的环境变量，使人类可定量理解生态系统中 CO_2 的交换过程，能更深入了解气候变化对生态系统所造成的影响。涡度相关法可以为土壤—植被—大气之间的物质、能量交换模式提供一种直接验证的手段，可通过涡度相关技术所测得的碳通量来推算某一地区的净初级生产力和蒸发量。

弛豫涡旋积累法（Relaed Eddy Accumulation，REA）起源于涡旋积累法，其基本思想是根据垂直风速的大小和方向采集两组气体样本进行测量。这一技术即在涡旋积累的思想中引入弛豫的思想，使得不定时采样转换为定时采样，演变成弛豫涡旋积累法。近年来，这一方法已应用到森林 CO_2 通量的计算。

箱式法是以测定土壤和植物群落的微量气体成分排放通量来测定碳储量的方法。

3. 模型估算法

模型估算法是通过建立准确度相对较高的模型来估算森林生态系统碳储量，因为方法简单、快捷且成本较低，在国际上被广泛使用到大尺度空间碳储量的估算上。近年来，各国学者开始逐步在小范围内，针对不同的森林类型和立地条件，创造性地运用各种模型来估算碳储量和模拟碳循环过程。

4. 地面碳同位素方法

该方法假定大气中碳同位素的量是恒定的，植被通过光合作用固定的碳也就含有一定量的碳同位素。由于同位素的衰变，对于土壤或植被中的碳同位素，周转期越长，碳同位素的含量就越低。因此，通过分析植被或土壤中碳同位素的丰度，可以确定植被或土壤中有机碳的年龄，分析有机碳的动态变化。该方法在分析陆地碳平衡时非常有用，是全球变化研究中最为常用的方法之一，特别适用于探讨陆地碳平衡的主导因子及对全球变化的响应等方面（Del Galdo I. *et al*，2003；Hagedorn F. *et al*，2003；Matamala R. *et al*，2003）。

二、试点研究内容与方法

（一）森林植物碳含率

为了更准确地估算广东省的森林植物碳汇及其潜力，把广东省主要乔木树种分为 10 个优势树种组（含 2 个竹类），下木层树种分为 3 个树种组，灌木分为 4 类，草本分为 5 类，测定它们不同器官的碳含率。

1. 样品采集

（1）采样地点。结合广东省二类调查树种所占比例数据，以及材积模

型建模、植物生物量建模的取样经验，确定采样点在粤西的信宜市、遂溪县、廉江市、阳春市；粤东的东源县、龙川县、龙门县；粤北的阳山县、英德市、始兴县、南雄县、乳源县。

（2）采样对象。采样对象分为乔木类、竹类、下木类、灌木类、草本类。

乔木类：分马尾松、杉木、湿地松、黎蒴、（尾叶）桉、速生相思树、硬阔叶树类、软阔叶树类8种；

竹类：分毛竹、其他竹类2种（竹类胸径在2cm以上，否则划入竹灌类型）；

下木类：分松类、杉类、阔叶树类3种（含胸径在5cm以下的乔木树种）；

灌木类：分桃金娘、岗松、竹灌、其他灌木4种；

草本类：分芒萁、蕨类、大芒、小芒、其他草类5种。

（3）采样方法。

①样木选取。在采样点选取符合要求的林地中的乔木类、竹类、下木类，采用单株伐倒法进行取样，选具有代表性或干形通直的林木作为样木；采用整株收获法对草本类和灌木类植物进行取样。单株伐倒木的选取以样木取样径阶（胸径）进行划分确定。各树种的单株木取样径阶均划分为5个，各径阶的取样数量为6株。乔木类树种的取样径阶分别为6cm、10cm、16cm、20cm和24cm以上，胸径变动范围为±1cm；毛竹和其他竹类的取样径阶为4cm、6cm、8cm、10cm和12cm以上，胸径变动范围为±1cm；下木类树种的取样径阶分别为1cm以下、1cm、2cm、3cm和4cm，胸径变动范围为±0.5cm；草本类和灌木类的高度划分为3个等级，分别为0.5m以下、0.5～1.0m和1.0m以上。乔木类、下木类和竹类13种，各需伐倒30株样木，共390株样木，其中乔木类分器官采样。草本类和灌木类9种，每种各需获取30整株（丛）样本（简称样株），共270株整株收获样本。详见表7-1。

表7-1 广东省主要树种碳含率测定样木取样

取样区域	取样单位	样本				取样种数
		乔木类	下木类	灌木类	草本类	
粤西	信宜市	杉木、马尾松	杉木类		芒萁	4
	遂溪县	桉树、杂竹			其他草类	3
	廉江市	桉树、湿地松	松木类		大芒	4
	阳春市	马尾松、速生相思树		岗松	小芒	4
粤北	阳山县	湿地松、速生相思树		竹灌	芒萁	4
	英德县	藜蒴	杉木类		大芒	3
	始兴县	硬阔树类	阔叶类	桃金娘	小芒	4
	南雄县	毛竹		岗松		2
	乳源县	杉木、软阔树类			蕨类	3
粤东	东源县	软阔树类、藜蒴	阔叶类		蕨类	4
	龙川县	杂竹	松木类	竹灌		3
	龙门县	硬阔类、毛竹		桃金娘	其他草类	4

注：各种类取样数量在具体取样单位内均为15株(丛)。

②样品采集。

乔木样品的获取：样木伐倒后，分5处进行主干圆盘采样，采样部位分别为主干的基径处(0m)、胸径处(1.3m)、1/3树高处、中央直径处(1/2树高处)和4/5树高处，在采样部位锯出2~3cm厚度的圆盘(重量不少于0.5kg，圆盘过大时可以只取扇形块)。取出的圆盘应包含树皮；下木类的圆盘样品只需要基部和胸径部两处样品。

在伐倒木上，选取有代表性的树枝、树叶进行取样，样品不少于0.5kg。挖出树根，清除土层，选取采集不少于0.5kg样品。

灌木类和草本类样品的采集：灌木和草本按高度等级进行选样。样本要求连根采集(挖出)，清除土层。样品采集不少于0.5kg。

2. 样品处理和测定

乔木类样品分圆盘样、枝、根、皮、叶烘干粉碎；下木类样本分圆盘样、枝、根、叶烘干粉碎，灌木和草本类样本按根、枝、叶或根、叶烘干粉碎。烘干温度为85℃，时间48h，过60目筛(0.25mm)密封贮存待测。

样本有机碳采用重铬酸钾外加热法测定，实验设3个平行样，取平均值为测定结果。

（二）广东省森林植物碳储量研究

本研究项目拟对广东省2002年以来历年连续清查数据进行系统分析。采用生物量模型法，基于连续清查样地调查估算广东省的森林植物碳储量，从而分析广东省森林植物碳汇现状及潜力，对摸清广东省森林在广东

省低碳发展中的作用和未来抵减碳排放潜力有重要意义。

1. 样地设置

广东省森林资源连续清查体系始建于 1978 年，并分别于 1983、1988、1992、1997、2002、2007 年进行了第一、二、三、四、五、六次复查，期间 1986 年部分复查，1992 年另增设了 1228 个临时样地。2002 年在开展第五次复查时，除满足国家需求的森林资源连续清查成果外，还率先在全国利用连续清查固定样地对部分森林生态状况因子进行了初查。2007 年，广东省作为国家森林资源与生态状况综合监测试点省进行了森林资源连续清查第六次复查。2012 年，广东省继续作为国家森林资源与生态状况综合监测试点省开展第七次连续清查复查工作。体系采用系统抽样的方法。利用五万分之一地形图，按照 6km×8km 的公里网格进行机械布点。以每个网格的西南角交叉点为基准点布设 25.82m×25.82m 的正方形固定样地构成抽样样本。每个样地面积 1 亩（折合 0.0667hm²）。按照以上的标准和原则，参照国家有关技术规程和广东省实际情况，体系共建立了 3685 个样地。本研究的结果是基于样地的调查得出的。

2. 生物量调查

森林植物生物量是研究碳储量的基础，包括乔木层、下木层、灌木层、草本层植物生物量，是指森林中植物活体干物质的总和，森林植物生物量主要通过连续清查样地的调查获得。

乔木层生物量是指胸径大于或等于 5cm 的乔木生物量，可利用样地每木检尺结果，通过相应的乔木生物量模型进行计算。

下木层生物量是指胸径小于 5cm 的乔木幼树（含未达检尺标准的幼林及未成林地）生物量，可利用 4m×4m 样方调查得到的各类下木平均树高、平均地径和样方株数，通过相应的下木生物量模型进行计算。

灌木层生物量是指各类灌木（含藤本）的生物量，可利用 4m×4m 样方调查得到的各类下木的覆盖度和平均高，通过相应的灌木生物量模型进行计算。

草本层生物量是指各类草本的生物量，可利用 4m×4m 样方调查得到的各类草本的覆盖度和平均高，通过相应的草本生物量模型进行计算。

3. 生物量模型

广东省在 2001 年建立了"广东省主要树种生物量模型"，基于植物的胸径、树高以及单位面积蓄积量构建了广东省主要植物种类的生物量模型。本研究是基于现有生物量模型，结合样地生物量调查数据，对广东省森林植物生物量进行估算。森林植物生物量模型分主林层生物量模型、下木层生物量模型、灌木层生物量模型和草本层生物量模型。

(1)主林层生物量模型。主林层生物量模型按松、杉、硬阔叶树、软阔叶树、桉树、相思树、毛竹、杂竹等主要树种组编制和应用单株乔木生物量模型。各树种的生物量模型见表7-2。

表7-2 主要乔木树种(组)的生物量模型

树种	器官	模型	树种	器官	模型
杉木	总	$W=1.35868 \times D^{0.036275} \times H^{-0.41998} \times V$	马尾松	树干	$W=0.29289 \times D^{0.14621} \times H^{0.0089524} \times V$
	树干	$W=0.34015 \times D^{-0.39239} \times H^{0.40890} \times V$		树枝	$W=0.12532 \times V$
	树枝	$W=0.27140 \times D^{1.07261} \times H^{-1.69157} \times V$		树叶	$W=0.079612 \times D^{-0.35263} \times H^{0.015724} \times V$
	树叶	$W=0.510239 \times D^{0.69072} \times H^{-1.71327} \times V$			
	树根	$W=0.46493 \times D^{-0.32802} \times H^{-0.28171} \times V$		树根	$W=0.48437 \times D^{-0.62207} \times H^{0.029132} \times V$
湿地松	总	$W=0.70243 \times V$	桉树	总	$W=0.473962 \times D^{0.16316} \times H^{-0.011208} \times V$
	树干	$W=0.20011 \times D^{0.173698} \times H^{0.086849} \times V$		树干	$W=0.23719 \times D^{0.31557} \times H^{-0.022517} \times V$
	树枝	$W=0.019166 \times D^{0.62501} \times V$		树枝	$W=0.090123 \times D^{-0.30267} \times H^{0.019109} \times V$
	树叶	$W=0.57342 \times D^{-0.59891} \times V$		树叶	$W=0.052637 \times D^{-0.21666} \times H^{0.014372} \times V$
	树根	$W=0.46493 \times D^{-0.61082} \times V$		树根	$W=0.15553 \times D^{-0.09897} \times H^{0.0073208} \times V$
阔叶树	总	$W=1.23764 \times D^{-0.028090} \times H^{-0.067526} \times V$			
	树干	$W=0.29700 \times D^{0.21272} \times H^{0.046734} \times V$			
	树枝	$W=0.54541 \times D^{-0.27401} \times H^{-0.16565} \times V$			
	树叶	$W=0.22526 \times D^{-0.38874} \times H^{-0.21925} \times V$			
	树根	$W=0.820322 \times D^{-0.39686} \times H^{-0.22275} \times V$			
	总	$W=0.68592 \times V$			

注:式中 W. 公顷生物量(t/hm^2); H. 平均高(m); D. 平均胸径(cm); V. 公顷蓄积(m^3/hm^2)。

表中的马尾松生物量模型适用于广东松;湿地松生物量模型适用于其他国外松、杂交松;阔叶树生物量模型适用黎蒴、速生相思树、其他软阔叶树(南洋楹、木麻黄、荷木)、其他硬阔叶树(台湾相思、椎、栲)。表中各树种的平均高、平均胸径均由实测得到,公顷蓄积通过累加样地中各树种蓄积再乘以15得到。各树种的单株蓄积量见表7-3。

表 7-3　主要乔木树种(组)的单株林木蓄积量模型

树种	模型
杉木	$V = 6.97483 \times 10^{-5} \times D^{1.81583} \times H^{0.99610}$
马尾松	$V = 7.98524 \times 10^{-5} \times D^{1.74220} \times H^{1.01198}$
湿地松	$V = 7.81515 \times 10^{-5} \times D^{1.79967} \times H^{0.98178}$
桉树	$V = 8.71419 \times 10^{-5} \times D^{1.94801} \times H^{0.74929}$
黎蒴	$V = 6.29692 \times 10^{-5} \times D^{1.81296} \times H^{1.01545}$
速生相思	$V = 7.32715 \times 10^{-5} \times D^{1.65483} \times H^{1.08069}$
软阔叶类	$V = 6.74286 \times 10^{-5} \times D^{1.87657} \times H^{0.92888}$
硬阔叶类	$V = 6.01228 \times 10^{-5} \times D^{1.87550} \times H^{0.98496}$

注：式中 V. 单株林木蓄积(m^3)；H. 平均高(m)；D. 平均胸径(cm)。

毛竹 450 株/ hm^2 以上或新造幼竹 300 株/ hm^2 以上的归为毛竹林；除毛竹外，覆盖度在 30% 以上的其他竹林归为杂竹林，见表 7-4。表中平均胸径通过实测获得，公顷株数为样地实测株数乘以 15 得到。

表 7-4　主要竹林的生物量模型

树种	器官	模型
毛竹	干	$W = 0.0000967 \times D^{2.175} \times N$
	枝	$W = 0.00083198 \times D^{1.1774} \times N^{0.648}$
	叶	$W = 0.0005099 \times D^{1.1774} \times N^{0.648}$
	根	$W = 0.000024175 \times D^{2.175} \times N + 0.000335475 \times D^{1.1774} \times N^{0.648}$
杂竹	干	$W = 0.001 \times N \times EXP(3.27482 - 9.6724/D)$
	枝	$W = 0.001 \times N/(0.685 + 12.8983 \times EXP(-D))$
	叶	$W = 0.001 \times N/(1.056 + 48.5609 \times EXP(-D))$
	根	$W = 0.001 \times N/(0.462 + 12.8510 \times EXP(-D))$

注：式中 W. 公顷生物量(t/hm^2)；D. 平均胸径(cm)；N. 公顷株数(株/ hm^2)。

(2)非乔木层生物量模型。另设固定的调查样方构成非乔木层植物生物量的抽样体系。在每个固定样地西北角外正西、正北方设置 1 个 $4m \times 4m$ 方形样方，组成非乔木层植物生物量监测系统，用于森林下木、灌木、草本植物的数量特征调查。调查灌木种类、灌木地径、灌木平均高、灌木盖度、灌木株数、草本种类、草本平均高、草本盖度等。

下木层生物量模型按照杉木类、松木类、阔叶类进行编制，下木层不同树种的生物量模型见表 7-5。表中平均高、平均胸径通过实测获得，公

顷株数为样地株数乘以 15 得到。

表 7-5　下木层的生物量模型

种类	模型
杉木类	$W = 0.000078366 \times G^{1.7218} \times H^{0.42311} \times N$
松木类	$W = 0.0000591648 \times G^{1.7444} \times H^{0.60238} \times N$
阔叶类	$W = 0.0000645384 \times G^{2.12837} \times H^{0.32853} \times N$

注：式中 W. 公顷生物量（t/ hm²）；H. 平均树高（m）；G. 平均盖度（%）；N. 公顷株数（株/ hm²）。

灌木层生物量模型按照桃金娘、岗松、竹灌、其他灌木进行编制。灌木(藤本)层各种类的生物量模型如表 7-6。表中平均高、平均胸径通过实测获得，公顷株数为样地株数乘以 15 得到。

表 7-6　灌木层（藤本）的生物量模型

种类	模型	种类	模型
桃金娘	$W = 0.844764 \times G^{0.57041} \times H^{0.91788}$	竹灌	$W = 0.0538344 \times G^{1.18518} \times H^{0.33621}$
岗松	$W = 0.20784 \times G^{0.78701} \times H^{0.55053}$	其他灌木	$W = 0.056928 \times G^{1.25437} \times H^{0.662068}$

注：式中 W. 公顷生物量（t/ hm²）；H. 平均树高（m）；G. 平均盖度（%）；N. 公顷株数（株/ hm²）。

草本层生物量模型按照芒萁、蕨类、大芒、小芒、杂草等种类进行编制，草本层各种类生物量模型见表 7-7。表中平均高、平均胸径通过实测获得。

表 7-7　草本层的生物量模型表

种类	模型	种类	模型
蕨类	$W = 0.40302 \times G^{0.501788} \times H^{0.223902}$	大芒	$W = 2.2872 \times exp(0.0088 \times G \times H)$
芒萁	$W = 0.00541224 \times G^{1.67967} \times H^{0.56081}$	小芒	$W = 1.81704 \times G^{0.23427} \times H^{1.26045}$
杂草	$W = 4.16892 \times H^{0.91037}$		

注：式中 W. 公顷生物量（t/ hm²）；H. 平均树高（m）；G. 平均基径（cm）。

4. 森林植物碳储量计算

根据对样地主林层每木检尺调查数据以及下木层、灌木层、草本层样地调查数据，结合各层次的生物量模型和各植物种的碳含率，可以得出各层公顷生物量、碳密度、碳储量。

全省森林植物碳储量为全省各类林地乔木层、下木层、灌木层、草本层碳储量总和。林地碳储量 = 林地乔木层碳密度 × 林地面积 + 林地下木层碳密度 × 林地面积 + 林地灌木层碳密度 × 林地面积 + 林地草本层碳密度 × 林地面积。林地面积按照抽样统计的方法计算,即林地面积 = 林地样地数量/3685 × 全省国土面积。全省国土面积采用 17676930hm² (不含岛屿面积)。

第三节　主要结果

一、广东省森林植物碳含率

(一) 不同森林植物碳含率分析

乔木类树种平均碳含率为 0.5274,其中湿地松的碳含率最大为 0.5700,依次为杉木和马尾松,分别为 0.5545 和 0.5513,桉树的碳含率最低,为 0.5144;下木类中松类的碳含率最高为 0.5062,阔叶类的最低为 0.4874;灌木类的平均碳含率为 0.4822,岗松最高为 0.4900,竹灌最低为 0.4605;草本类的平均碳含率为 0.4408,大芒最高为 0.4736,蕨类最低为 0.3973。见图 7-1、图 7-2 和表 7-8。

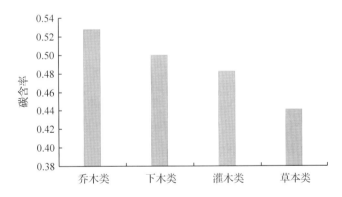

图 7-1　乔木类、下木类、灌木类和草本类碳含率

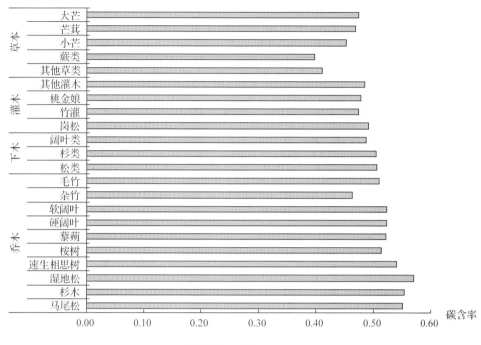

图7-2 森林植物碳含率

（二）不同器官碳含率分析

从各树种的碳含率分析测定结果可以看出（见表7-8），在研究的8个乔木树种（竹林除外）各器官中，以树叶部位的碳含率最高，以树根的碳含率最低。8个乔木树种不同器官碳含率顺序依次为：树叶（0.5652）＞树枝（0.5351）＞树皮（0.5335）＞树干（0.5317）＞树根（0.5259）。

表7-8 广东省主要植物不同器官碳含率

植被	树种	树干	树皮	树枝	树叶	树根	平均
乔木类	马尾松	0.5358	0.5646	0.5447	0.5756	0.5356	0.5513
	杉木	0.5564	0.5533	0.5567	0.5612	0.5452	0.5545
	湿地松	0.5559	0.5843	0.5723	0.584	0.5532	0.57
	速生相思树	0.5232	0.5622	0.5303	0.5644	0.5258	0.5412
	桉树	0.5296	0.4413	0.5204	0.5638	0.517	0.5144
	藜蒴	0.5148	0.5156	0.5157	0.5608	0.5064	0.5227
	硬阔叶树	0.5201	0.5207	0.5195	0.5451	0.5136	0.5238
	软阔叶树	0.5176	0.5257	0.5212	0.5414	0.5101	0.5232
	杂竹	0.5128		0.5046	0.4535	0.3819	0.4632
	毛竹	0.523		0.5245	0.4871	0.5038	0.5096

（续）

植被	树种	树干	树皮	树枝	树叶	树根	平均
下木类	松类	0.5117		0.5163	0.4987	0.4981	0.5062
	杉类	0.5174		0.5078	0.4927	0.5005	0.5046
	阔叶类	0.4962		0.4936	0.4845	0.4752	0.4874
灌木类	岗松	0.4900	0.4922	0.4911			
	竹灌	0.4605	0.4877	0.4741			
	桃金娘	0.4805	0.4765	0.4785			
	其他灌木	0.4890	0.4814	0.4852			
草本类	蕨类						0.3973
	小芒						0.4527
	芒萁						0.4691
	大芒						0.4736
	其他草类						0.4113

（三）各植物种类按径阶碳含率分布

在相同径阶，湿地松的碳含率最高，其次为杉木、马尾松、速生相思树，毛竹和杂竹的碳含率均比其他乔木树种低，且毛竹的碳含率均比杂竹高。

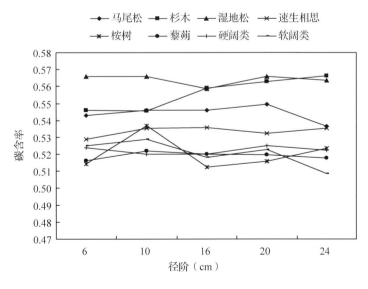

图7-3　8个主要乔木树种按径阶碳含率

从图7-3可以看出，桉树、软阔叶类树种在径阶达到10 cm时，碳含率最高，然后呈现下降趋势；马尾松碳含率在径阶20 cm时达到峰值；湿

地松、杉木、速生相思树碳含率在径阶 6～24 cm 阶段，均是随着径阶的增大而升高；硬阔叶类树种碳含率的变化比较平缓。以上的碳含率变化规律均符合其生长规律，当林分成为过熟林时，乔木林也就变成了碳"源"。

二、广东省森林植物碳密度

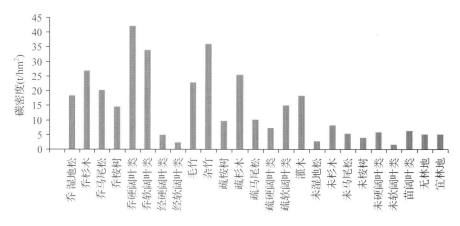

图7-4　2002 年广东省各森林类型碳密度

从图7-4 可以看出，2002 年广东省各森林类型的碳密度以乔木林中的硬阔叶类最高，为 42.23 t/hm²；其次为杂竹林 35.96 t/hm²；再次为软阔类、杉木林等。桉树的碳密度最小，仅为 9.73 t/hm²。从图7-5 可以看出 2007 年广东省各森林类型中，碳密度最大的是乔木林中的硬阔叶类，为 43.46 t/hm²，较 2002 年略有增加；其次是杂竹林，为 41.74 t/hm²，接下来为杉木林、乔木林软阔类；桉树的碳密度最小。从图7-6 可以看出，

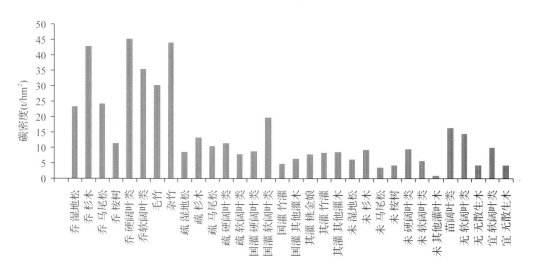

图7-5　2007 年广东省各森林类型碳密度

2012 年森林类型中碳密度最大的前 4 类为乔木林地中的杂竹林、硬阔叶林、软阔叶林和毛竹林，分别为 48.24 t/hm²、45.62 t/hm²、38.93 t/hm² 和 38.16 t/hm²，平均碳密度较 2007 年有所增大。通过比较分析 2002、2007 和 2012 年广东省不同森林类型的碳密度可以发现，阔叶树种尤其是硬阔叶树种具有较高的碳密度，拥有最大的固碳潜力，是碳汇林建设的推荐树种。

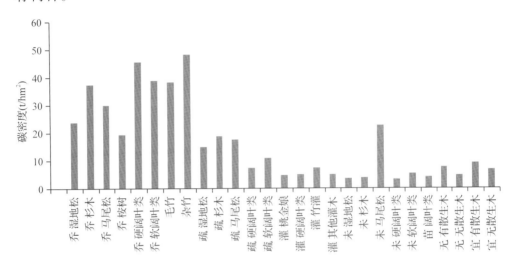

图 7-6　2012 年广东省各森林类型碳密度

三、广东省森林植物碳储量

（一）广东省森林不同地类碳储量

2002 年，广东省森林植物碳储量为 22707.94 万 t。乔木林碳储量为 19300.8 万 t，占全省植物碳储量的 84.99%；竹林为 1142.98 万 t，占 5.03%；疏林地为 219.31 万 t，占 0.97%；灌木林地为 1412.11 万 t，占 6.22%；未成林地为 97.16 万 t，占 0.43%；苗圃地仅为 6.19 万 t，占 0.03%；无林地为 200.10 万 t，占 0.88%；宜林地为 329.29 万 t，占 1.45%（见表 7-9）。

2007 年，广东省植物碳储量为 25260.98 万 t。乔木林碳储量为 21064.71 万 t，占全省植物碳储量的 83.39%；竹林为 1950.27 万 t，占 6.3%；疏林地为 145.35 万 t，占 0.58%；灌木林地为 1486.04 万 t，占 5.88%；未成林地为 200.07 万 t，占 0.79%；苗圃地仅为 15.71 万 t，占 0.06%；无林地为 367.55 万 t，占 1.46%；宜林地为 391.28 万 t，占 1.55%（见表 7-9）。

2012 年，广东省植物碳储量为 29514.01 万 t，按地类分，其中乔木林植物碳储量为 25859.11 万 t，占全省林地植物碳储量的 87.62%；竹林为 1982.67 万 t，占 6.72%；疏林地为 105.36 万 t，占 0.36%；灌木林地为 806.05 万 t，占 2.73%；未成林地碳储量为 128.02 万 t，占 0.43%；苗圃地碳储量仅为 1.99 万 t，占 0.01%；无林地碳储量为 385.70 万 t，占 1.31%；宜林地碳储量为 245.09 万 t，占 0.83%（见表 7-9）。

表 7-9　广东省森林不同地类植物碳储量

地类	2002 年		2007 年		2012 年	
	碳储量（万 t）	比例（%）	碳储量（万 t）	比例（%）	碳储量（万 t）	比例（%）
乔木林	19300.8	84.99	21064.71	83.39	25859.11	87.62
竹　林	1142.98	5.03	1590.27	6.3	1982.67	6.72
疏林地	219.31	0.97	145.35	0.58	105.36	0.36
灌木林地	1412.11	6.22	1486.04	5.88	806.05	2.73
未成林地	97.16	0.43	200.07	0.79	128.02	0.43
苗圃地	6.19	0.03	15.71	0.06	1.99	0.01
无林地	200.1	0.88	367.55	1.46	385.70	1.31
宜林地	329.29	1.45	391.28	1.55	245.09	0.83
合计	22707.94	100	25260.98	100	29514.01	100

从图 7-7 可以看出，森林植物总碳储量随着时间的推移逐渐增加，尤其是乔木林碳储量增幅更大。2002 年、2007 年和 2012 年的广东省森林碳储量的主体均是乔木林，乔木林的碳储量远远高于其他类型。10 年间，广东省森林碳储量大幅增加，由 2002 年的 22707.94 万 t 增加至 2012 年的 29514.01 万 t。主要是因为 2000 年以来，广东省大力植树造林，加强森林抚育管护，增加了森林面积，提高了森林质量。

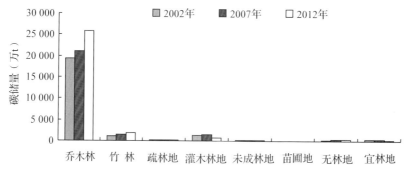

图 7-7　广东省森林不同地类碳储量

（二）广东省森林不同林层碳储量

从表 7-10 可以看出，2002 年乔木层为 14965.97 万 t，占全省林地植

物碳储量的 65.91%；下木层 2328.91 万 t，占 10.26%；灌木层 4348.08 万 t，占 19.15%；草本层 1064.98 万 t，占 4.69%。2007 年乔木层为 19567.62 万 t，占全省林地植物碳储量的 77.46%；下木层 1517.90 万 t，占 6.01%；灌木层 2605.82 万 t，占 10.32%；草本层 1569.64 万 t，占 6.21%。2012 年乔木层为 24539.55 万 t，占全省林地植物碳储量的 83.15%；下木层 543.29 万 t，占 1.84%；灌木层 1804.67 万 t，占 6.11%；草本层 2626.50 万 t，占 8.90%。

表 7-10　广东省森林不同林层碳储量

林层	2002 年		2007 年		2012 年	
	碳储量(万 t)	比例(%)	碳储量(万 t)	比例(%)	碳储量(万 t)	比例(%)
乔木层	14965.97	65.91	19567.62	77.46	24539.55	83.15
下木层	2328.91	10.26	1517.90	6.01	543.29	1.84
灌木层	4348.08	19.15	2605.82	10.32	1804.67	6.11
草本层	1064.98	4.69	1569.64	6.21	2626.50	8.90
合计	22707.94	100	25260.98	100	29514.01	100

从图 7-8 可以看出，在 2002 - 2012 年期间，广东省森林不同林层的碳储量以乔木层为主，乔木层碳储量逐年增加。主要是因为森林面积增加，林地质量提高。

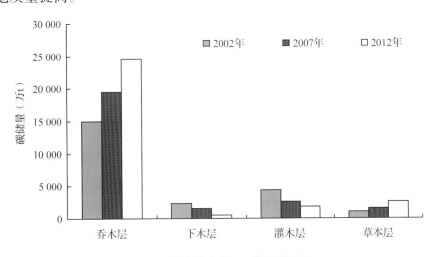

图 7-8　广东省森林不同林层碳储量

(三) 广东省不同经济区的森林植物碳储量

将广东省划分为珠江三角洲经济区、粤东沿海经济区、粤西沿海经济区、粤北及周边经济区等 4 个经济区域，各分区情况如下：

珠江三角洲经济区：广州市、深圳市、珠海市、佛山市、江门市、东莞市、中山市以及惠州市的惠城、惠阳、惠东、博罗和肇庆的端州、鼎湖、四会、高要。

粤东沿海经济区：汕头市、潮州市、揭阳市、汕尾市。

粤西沿海经济区：湛江市、茂名市、阳江市。

粤北及周边经济区：韶关市、梅州市、清远市、河源市、云浮市及肇庆市的广宁、怀集、封开、德庆和惠州市的龙门。

从表7-11可以看出，粤北及周边地区的森林碳储量最大，占全省森林碳储量的70%左右，其次为珠江三角洲地区，粤东沿海地区林地森林碳储量最少。这是因为粤北及周边地区的林地面积最大，碳密度最高；2002年林地面积占全省林地面积的59.3%，2007年占60.7%，2012年占全省的61.9%。以上数据反映了大部分森林资源主要分布在粤北及周边地区，该地区是广东省最主要的林区。此外，粤北及周边地区森林植被保存较好，森林结构比较完整，森林碳汇功能突出。多种原因使得粤北及周边地区的森林碳储量大。珠江三角洲地区多年来一直大力推进低效林改造，营造风景林，提高了林分质量，从而提高了森林的碳汇功能，因此该地区碳密度较高。碳密度较低的是粤西和粤东沿海地区。见图7-9、图7-10。

表7-11　广东省不同经济区的森林植物碳密度和碳储量

经济区	平均碳密度（t/hm²）			碳储量（万t）		
	2002年	2007年	2012年	2002年	2007年	2012年
珠江三角洲	18.55	19.6	34.13	3362.9	3573.55	4175.20
粤东沿海	15.2	18.82	17.09	1195.79	1498.43	1750.71
粤西沿海	15.63	17.78	25.08	2114.61	2619.09	3060.05
粤北及周边	24.56	26.46	45.33	16034.65	17569.92	20528.05
合计				22707.94	25260.99	29514.01

注：碳储量按不同地类植物碳密度结合样地数计算获得

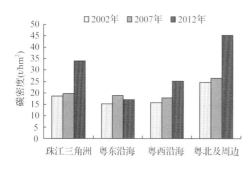

图7-9　广东省不同经济区的森林植物碳密度

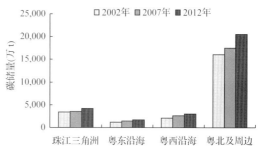

图7-10　广东省不同经济区的森林植物碳储量

（四） 广东省不同纬度的森林植物碳储量

广东省所跨纬度 20°～26°，按 20°～21°、21°～22°、22°～23°、23°～24°、24°～25°、25°～26°将广东省森林分 6 个纬度区间，研究其碳密度及碳储量的分布特征。

2002、2007 和 2012 年广东省森林植物碳密度均表现出随着纬度的升高而增大的趋势（2002 年 25°～26°区间低于 24°～25°区间）。高、低纬度区间的森林植物碳密度差异明显，其中 2007 年的高纬度区间碳密度比 2002 年约多 1 倍。23°～24°、24°～25°两个纬度区间的林地面积较大，约占全省林地面积的 70%，表明广东省的森林资源大部分集中于这两个纬度区间，同时由于这两个纬度区间碳密度较大，使其成为广东省主要的碳储量地带。2002 年、2007 年和 2012 年这两个纬度区间碳储量分别占广东省森林植物总碳储量的 73.3%、72.1% 和 72.7%。各纬度区间的森林植物碳储量随时间的推移逐渐增大，主要是由于森林植物碳密度的增加，其次是林地面积的增加引起。见表 7-12 和图 7-11、图 7-12。

表 7-12　广东省不同纬度带的森林植物碳密度和碳储量

纬度	平均碳密度（t/hm²）			碳储量（万 t）		
	2002 年	2007 年	2012 年	2002 年	2007 年	2012 年
20～21	13.55	13.6	16.19	175.53	215.42	232.98
21～22	14.02	15.23	13.02	1035.48	1205.13	1055.72
22～23	18.15	20.36	23.06	3412.85	3926.84	4448.17
23～24	21.77	23.09	26.61	8470.5	8572.5	10381.33
24～25	25.25	27.37	33.21	8163.77	9650.8	11089.14
25～26	23.8	27.53	36.98	1449.81	1690.3	2306.67

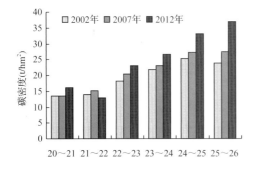

图 7-11　广东省不同纬度带的森林植物碳密度

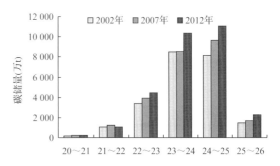

图 7-12　广东省不同纬度带的森林植物碳储量

(五) 广东省森林植物碳汇潜力预测

根据 2002、2007、2012 年连续 3 期森林资源连续清查监测数据,计算统计 2002、2007、2012 年监测的森林植物碳储量分别为 2.27 亿 t、2.53 亿 t、2.95 亿 t;三期监测吸收 CO_2 量减去泄露 CO_2 量(枯落物、枯损、采伐、火灾等碳排放)的净增量分别为 8.32 亿 t、9.28 亿 t、10.82 亿 t。10 年间森林植物碳储量和吸收 CO_2 量增量分别为 0.68 亿 t 和 2.49 亿 t,植物碳储量和吸收 CO_2 量年均增长 680.11 万 t 和 2495.55 万 t。按此增长速率,预测到 2050 年的森林植物碳储量为 5.54 亿 t 和吸收 CO_2 量为 20.30 亿 t,2012 年至 2050 年间,森林植物碳储量增长 2.59 亿 t,森林植物增汇 9.48 亿 t,详见表 7-13。

表 7-13 广东省森林植物碳储量预测 单位:亿 t

年度	2012	2013	2014	1015	1016	2017	2018	2019	2020	2030	2050
碳储量	2.95	3.02	3.09	3.16	3.22	3.29	3.36	3.43	3.50	4.18	5.54
CO_2 储量	10.82	11.07	11.32	11.57	11.82	12.07	12.32	12.57	12.82	15.31	20.30

第四节 结论与讨论

一、结论

(1)广东省森林植物的平均碳含率为 0.5141。其中乔木类平均碳含率为 0.5274;下木类平均碳含率为 0.4994;灌木类的平均碳含率为 0.4822;草本类的平均碳含率为 0.4408。乔木树种不同器官碳含率大小依次为:树叶(0.5652) > 树枝(0.5351) > 树皮(0.5335) > 树干(0.5317) > 树根(0.5259)。叶子部位的碳含率最高,树根的碳含率最低。

(2)广东省森林植物平均碳密度 2002 年为 21.66t/hm²,2007 年为 23.54t/hm²,2012 年为 27.42t/hm²,阔叶树种特别是硬阔类树种,拥有最高的碳密度;乔木林中桉树林碳密度最低。

(3)2002 年,广东省森林植物碳储量为 22707.94 万 t;2007 年,广东省森林植物碳储量为 25260.99 万 t,监测期内增长 11.2%;2012 年,广东省森林植物碳储量为 29514.01 万 t,监测期内增长 16.8%。

通过 2002 - 2012 年的监测数据可以发现,广东省森林植物碳汇的主体是乔木林,乔木林的碳储量远远高于其他类型。10 年间,广东省森林

植物碳储量大幅增加，由 2002 年的 22707.94 万 t 增加至 2012 年的 29514.01 万 t。

将广东省划分为 4 个经济区域来看，粤北及周边地区的森林植物碳储量最大，占全省森林植物碳储量的 70% 左右，其次为珠江三角洲地区，粤东沿海地区林地森林碳储量最少。

按 20°～21°、21°～22°、22°～23°、23°～24°、24°～25°、25°～26°将广东省森林分 6 个纬度区间，2002、2007 和 2012 年广东省森林植物碳密度均表现出随着纬度的升高而增大趋势（2002 年 25°～26°区间低于 24°～25°区间）。

（4）2012 年广东省森林植物总碳储量为 2.95 亿 t，吸收 CO_2 量 10.82 亿 t，其中乔木层植物碳储量为 2.45 亿 t，占全省林地植物碳储量的 83.15%；下木层 0.05 亿 t，占 1.84%；灌木层 1.80 亿 t，占 6.11%；草本层 2.63 亿 t，占 8.90%。

（5）预测 2050 年广东省森林植物碳储量为 5.54 亿 t，吸收 CO_2 量为 20.30 亿 t，减去森林植物碳排放，总计增加森林植物碳储量为 2.59 亿 t，碳汇为 9.48 亿 t，平均每年用以抵减二氧化碳的森林植物碳汇为 0.25 亿 t，以 2011 年广东省碳排放量 5.87 亿 t 计，森林植物碳汇年抵减贡献率 4.25%。但按最高抵减 7.1% 的比例份额推算，可抵减化石燃料燃烧碳排放 133.40 亿 t。

二、讨论

（一）广东省森林碳汇在低碳经济社会发展中的作用

国务院印发的《"十二五"控制温室气体排放工作方案》中，明确分解给广东的控制温室气体排放目标任务是，"十二五"碳强度要下降 19.5%，为全国各省（自治区、直辖市）中最高。2010 年碳强度比上年下降 3.3%，在节能指标比较先进的基础上，广东省节能空间已非常有限，节能减排任务艰巨，完成"十二五"的碳强度下降目标任务面临巨大的压力。国际社会已经有值得我们借鉴的做法，即允许利用森林碳汇来抵减部分碳排放，将森林间接减排与产业直接减排有机结合起来，为经济发展带来一个"缓冲期"，减少控制碳排放对经济发展的负面影响。在低碳试点省建设中，需要高度重视森林碳汇发挥的特殊作用，建议将广东省森林碳汇纳入全省碳排放总量管理。

（二）广东省增加森林碳汇的主要途径

1. 增加森林面积

根据广东省2012年连续清查调查结果，全省现有林地面积1076.44万 hm^2，全省人均林地面积为0.11 hm^2，相当于世界人均森林面积的20%，也低于0.13 hm^2 的全国人均水平。全省林地面积占国土总面积的60.9%，森林覆盖率为51.26%，林业用地中仍有75.45万 hm^2 为非森林面积，而且还有相当数量的25°以上的陡坡耕地和未利用地都可用于植树造林。同时，通过发展绿色通道、乡村绿化和农田林网等途径，森林面积仍有扩大的空间。据调查，现有林业用地中，存在33万 hm^2 的无林地（荒山），这部分无林地，广东省已纳入碳汇重点工程（2012 – 2015）建设范围，拟通过人工措施变成森林，使其发挥森林碳汇作用。

2. 提升林地生产力

广东省的森林蓄积为35 682.71万 m^3，全省乔木林单位面积蓄积量49.92 m^3/hm^2，是全国平均水平的58%；森林蓄积人均占有量为2.6 m^3，仅相当于世界人均森林蓄积64.5 m^3 的4.1%，是全国平均水平的75%，林地生产力仍有提升空间。此外，全省林业用地中仍存在疏残林，通过更新改造和封山育林，提升森林蓄积量和储碳能力，可以增加森林碳汇。

3. 加强森林资源保护和培育

加大对森林，特别是中幼龄林抚育力度，通过森林管理措施促进森林生长量的增加和碳密度加强，优化林种树种结构，增强整体森林生态系统的固碳能力，能直接地增加森林碳汇；同时加强对森林火灾、病虫害的防控力度，坚决杜绝非法征占林地、违法乱砍滥伐，是有效减少森林碳泄漏的主要途径。从另一方面来说，也是直接增加了森林碳汇。

（三）今后的研究方向

森林在全球碳平衡中起着重要的作用。森林土壤中的碳占全球土壤碳的73%。森林土壤碳储量大约是森林植物碳储量的2~3倍。土壤结构复杂，空间分布不均匀，空间变异性很大，导致目前对于森林土壤碳储量的估算还有较大的不确定性。因此，对森林土壤碳储量进行比较细致的调查，有助于对森林土壤碳储量在全球碳循环中的地位进行准确的评估，也有利于全球大气碳平衡的计算。而且土壤有机碳储量的统计成为气候变化公约各签约国确定国家尺度的温室气体排放清单工作中的一部分。因而森林土壤碳将是下一步研究的课题。

第八章

森林资源清查数据信息化采集

第一节　目的意义

　　国家层面的森林资源清查是调查国家尺度下全国森林资源与生态状况的重要方法。长期以来，我国森林资源清查固定样地外业调查，以传统手段为主，采用围尺、测杆、测绳等简单工具来开展野外测量，调查技术装备几十年来变化不大，工作效率低（亢新刚，2001）。特别是进入 21 世纪，为适应以生态建设为主的林业发展要求，我国森林资源调查监测通过调整目标，扩充了生态监测内容，落后的监测技术手段与数量较多的调查因子之间的矛盾越来越突出。监测因子朝着多样化的趋势发展，亟待监测技术手段的突破。

　　传统调查方式在进行样地的定位和复位时，费时、费力，精度较低；采用手工方式填写调查卡片，后续处理工作量大，且容易出现人为错误（赵宪文等，2002）。伴随微电脑、嵌入式开发、GPS 定位和通信技术的快速发展，为提高森林资源清查的精度和效率，自 2002 年以后，国内外就有不少研究单位和个人开始考虑使用掌上电脑（PDA）和蓝牙 GPS 进行森林资源清查（Hardy，2002；Robert 等，2004；史光建等，2008；王六如等，2010）。因当时掌上电脑内存、CPU 主频等因素的制约，基于掌上电脑的森林资源清查系统很多只能用于野外属性数据的采集（刘鹏举等，2009；刘新等，2009）。而大数据量遥感图像、扫描地形图的加载和快速显示、样地图层显示、调查属性库用户定制、调查因子的实时逻辑检查、在 PDA 上进行树种组成计算和蓄积量计算等，绝大部分系统未得到有效解决（常广军等，2006；王振堂，2007；张海军等，2008）。

近年来，天津、吉林、山西、宁夏等省(自治区)已逐步全面或部分地使用 PDA 进行森林资源连续清查的野外数据采集工作，通过专业软件配合 GPS 接收机使用，PDA 实现了样地定位、数据采集、逻辑校验及数据计算、查询、分析、存储等功能。PDA 体积较小，携带方便，大大减轻了野外调查人员的劳动强度，提高了数据采集的准确性，为进一步提高森林资源清查的抽样精度奠定了坚实基础。实践表明，PDA 具有大幅提升数据采集精度和工作效率、提供安全有效的数据存储方式、方便质量检查和工作监督等优势。同时，也存在 PDA 软件适应性和可扩展性差、硬件配置较低、系统稳定性差、防水功能较差、电池续航能力不足、成本较高等问题(王孝康，2006)。

随着移动通信、互联网、数据库、分布式计算等技术的迅猛发展，移动计算进步迅速，目前，越来越多的移动终端面市，这些移动终端具备了即时通信和更强的计算能力，提供了通信、搜索、导航、购物等便捷服务。以 APPLE 公司推出的 iPAD 平板电脑最具代表性，它以 iOS 操作系统为平台，采用全触控式的全新交互方式，系统可以方便集成开发各类大型应用程序，硬件配置高，运行流畅，电池续航能力强，且自带强大的拍照功能(Jack Nutting 等，2011；李晨，2011)。iPAD 的技术特点为野外数据采集提供了良好的设备平台。

本次试点尝试以 iOS 为平台，开发基于 iPAD 平板电脑的森林资源清查数据信息化采集系统。该系统旨在实现外业调查全程无纸化操作，显著提高数据采集效率，提高新设备、新技术在森林资源连续清查中的应用水平。

第二节　技术方法

针对平板电脑的大屏幕、良好的用户操作体验、电池续航能力强的特点，研究开发基于平板电脑的"森林资源连续清查数据信息化采集系统"。系统集数据录入、定位导航、样地图形编辑、样木位置图实时自动绘制、照相录像、树种辅助识别、数据逻辑检查、无线传输于一体，实现调查数据采集的信息化作业，提高数据采集效率。

硬件采用目前市场常见的平板电脑 iPAD。鉴于系统的应用主要通过 Internet 访问服务器端。因此，提出基于 Internet 的 C/S 混合结构。这种结

构下，系统可以将 iPAD 数据提交和数据获取通过服务的方式进行，客户端的程序也可以通过互联网的方式进行下载更新。通过这种支持又能够实现远程数据的无线传输。根据相关程序经验和本次试点调查需求，设计本采集系统为 5 个层次，即系统支撑层、数据层、数据服务层、业务逻辑层和表现层。

达到如下目标：①在平板电脑上实现无纸化调查数据录入，最大限度提高外业数据采集工作效率；②建立相关因子的数据字典、专家知识库，提高调查因子(尤其是树种)准确性；③充分发挥信息技术优势，最大限度地减少内业录入、数据整理工作量；④通过定位导航、采集航迹、照相录像，加强连续清查质量管理。

第三节　主要结果

一、平板电脑(终端)主要功能

(1)属性数据采集。充分利用数据字典，最大限度地实现调查数据的快速录入。

(2)定位导航。将调查区域的地形图导入平板电脑，实现导航、定位、采集航迹、指南针等功能。

(3)样地图形编辑。实现样地位置图、引点位置图的绘制。

(4)样木位置图实时自动绘制。实现样木位置图的实时自动绘制。

(5)照相录像。对样地的特征进行拍照，并存到数据库中。

(6)树种辅助识别。根据植物的生活型、叶型、叶序、叶脉、叶形、叶缘、树皮、花、果等主要特征及其样本典型照片，建立广东省主要森林植物专家知识库，辅助调查员在野外识别物种。

(7)数据逻辑检查。在平板电脑终端进行数据逻辑检查。

(8)数据无线传输。将做好的样地数据传输到省林业调查规划院数据中心。

二、服务器端主要功能

(1)数据分发。以县为单位，分发各工组相应数据。

(2)数据接收。接收各工组调查采集的样地数据。

（3）逻辑检查。在服务器端对数据进行逻辑检查。

（4）信息管理。数据查询、统计进度等。

（5）系统维护。对数据字典、逻辑检查条件、专家知识库、数学模型等系统数据进行修改、更新等维护操作。

（6）统计汇总。对调查数据进行计算、统计、汇总、分析等。

（7）调查卡片打印。将传输回来的数据按国家要求打印成卡片，以便签名存档。

第四节　结论与讨论

一、结论

（一）提高了森林资源监测工作效率

系统在国家森林资源清查广东省第七次复查工作中得到全面推广应用，已顺利完成工作并通过国家验收，体现了系统实用性强、野外操作便捷、用户体验良好的特点，为森林资源监测提供了高效操作平台，显著提高了监测水平和工作效率。

（二）丰富了森林资源监测手段

系统实现了森林资源清查的全程无纸化作业，优化了森林资源清查工作流程，改善了作业方法，丰富了调查成果，推动了国家森林资源清查技术进步。系统在森林资源信息采集自动化和智能化方面取得了突破，实现了数据录入、定位导航、样地图形编辑、样木位置图实时自动绘制、照相录像、树种辅助识别、即时逻辑检查、数据实时无线传输、打印输出一体化管理，显著提高了数据采集效率和信息管理水平。

二、讨论

野外森林植物种类繁多，识别特征复杂，需进一步扩充、完善树种辅助识别系统，提高野外森林植物识别效率。

第九章

广东森林植物多样性

第一节　目的意义

我国是生物多样性特别丰富的国家之一，生物多样性位居世界第八位（沈茂才，2010）。但是，随着人口的增加、生境的破碎化、环境污染的加剧以及外来物种的入侵，我国生物多样性受到严重威胁。据估计，中国大约有4000~5000种植物处于濒危或受威胁状态，占植物总数的15%~20%，大大高于世界平均值10%的水平，而且已有200种植物灭绝（王雪梅等，2010）。因此，生物多样性保护对于我国经济社会可持续发展具有重要的战略意义。

森林生态系统是自然生态系统重要的组成部分，也是地球上的生物与其环境相互作用形成的复杂的系统之一。森林生物多样性是地球生物多样性系统中最为重要的类型，森林是生物多样性的分布中心，也是地球生物多样性保护的关键。因此，从森林群落尺度上研究不同水平的生物多样性的自然动态是极为重要的。这不仅为我们评估人类活动对生物多样性的影响提供了基础，也为持续利用生物多样性提供了良好途径。

2002年，广东省首次开展森林资源与生态状况综合监测试点时，将包括主林层、下木层、灌木层和草本层的森林植物群落多样性纳入监测内容，成功获取了全省森林植物群落多样性指标。经过多年的实践，森林植物多样性的部分指标被正式纳入第八次全国森林资源连续清查工作中。开展森林植物多样性监测，了解广东省森林植物多样性现状、历史变化，评价森林生态系统生物多样性的生态服务功能，建立和完善森林植物多样性数据库，将为制定生物多样性保护相关政策提供科学依据。

第二节　技术方法

一、技术思路

本研究以广东省森林资源连续清查固定样地框架为基础，在 1/8 样地内开展植物多样性调查，对广东省主要森林植物多样性进行分析研究，分别从植物区系成分、植物群落特征及森林群落垂直结构上的物种多样性等方面进行综合研究，以揭示广东省森林植被的区系组成、外貌构成、物种多样性特点及其在空间上的变化规律，为制定生物多样性保护措施提供科学依据。

二、研究内容

（一）植物区系比较研究

通过调查群落的样方资料，按照样地所处的气候区，对广东省中亚热带、南亚热带和北热带的群落类型进行分类，研究各气候区主要植物群落的物种多样性，分析不同植物群落类型的种类组成、物种科属种的关系、植物区系地理成分以及群落的外貌。

（二）森林群落垂直结构植物多样性差异

为了更好的量化群落垂直结构上物种多样性的特征，运用定量的数学分析手段对广东省森林植物群落进行物种多样性研究。即通过样地调查所获得的数据，对森林植被类型进行划分，并分析其主要特征，计算不同森林类型群落乔木、灌木及草本不同层次物种重要值。通过分层分析的方法研究各层次物种多样性的特点和差异。

（三）森林植被类型划分与林下植被多样性研究

根据人为干扰程度，对森林类型的划分，计算不同森林类型群落林下植被，即灌木层和草本层的丰富度指数、均匀度指数及多样性指数，分析广东省森林林下植被物种多样性现状以及产生差异的原因。

三、调查方法

（一）样地设置

采用样方调查法。在全省 6km×8km 点间距布设的 3685 个固定样地

（边长 25.82 m，面积 0.0667 hm²）中，再按 24km × 16km 点间距抽取 1/8 的样地 459 个，调查森林植物多样性。

（二）样地调查

在样地内，对胸径 ≥ 2cm 的活立木进行每木检尺，将植物种名、胸径、树高及冠幅、郁闭度、海拔、坡度、坡向等生境因子以及样地 GPS 定位坐标，记录在附表 1 上。同时，每个样地设置 4 个 2m × 2m 小样方，小样方分别位于样地西南角（向西 2m）、西北角（向北 2m）、东北角（向东 2m）、东南角（向南 2m），如图 9-1 所示。每个小样方进行灌木层和草本层植物多样性调查，记录植物种名、株数、高度和盖度，并记录在附表 2。

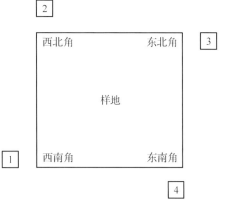

图 9-1　小样方位置示意

四、内业数据处理

（一）指标计算

1. 重要值

重要值（Importance Value，IV）是群落中一个种的综合数量指标，用于反映不同植物种群在群落中的作用和地位。比较不同树种在不同群落中的重要值，对于深入揭示森林群落的组成及其动态规律具有重要的意义。

根据外业调查数据，采用以下公式计算乔木层、灌木层和草本层物种的相对密度、相对频度、相对显著度（相对盖度）以及重要值：

相对多度（RA）＝某一树种的株数/所有各树种的株数 × 100

相对频度（RF）＝某一树种的频度/所有各树种的频度 × 100

相对显著度（RD）＝某一树种的胸高断面积/所有各树种的胸高断面积之和 × 100

相对盖度（RD'）＝某一种的盖度/所有各种的盖度之和 × 100

乔木重要值（IV）＝相对多度 RA ＋相对频度 RF ＋相对显著度 RD

灌木/草本重要值（IV'）＝相对多度 RA ＋相对频度 RF ＋相对盖度 RD'

2. 物种多样性指数

物种多样性测度指数主要包括物种丰富度、物种多样性和均匀度等参数。在本项研究中，拟采用 Patrick 指数（S）和 Margalef 指数（F）作为物种丰富度指标，以 Simpson 多样性指数（D）和 Shannon – Wiener 指数（H）作为物种多样性指标，以 Pielou 指数作为均匀度指标进行物种多样性指标的评价。

（1）丰富度指数。指一个群落或生境中种数目的多少，用出现在样地中的物种数表示。

Patrick 指数（S）：指出现在样方中的物种数。

Magalef 指数（F）计算式为：

$$F = (S - 1)/\ln N$$

式中：S 为物种数，N 为个体总数。

（2）多样性指数。物种的多样性指数是指丰富度和均匀度两种涵义的综合。包括 Simpson 指数和 Shannon 指数：

Simpson 指数（D）计算式为：

$$D = 1 - \sum_{i=1}^{s} p_i^2$$

式中：p_i 为物种 i 的相对多度，$i = 1，2，3，4$。

Shannon – Wiener 指数（H）计算式为：

$$H = - \sum^{s} p_i \times \ln p_i$$

（3）均匀度指数。均匀度指数指样方中全部物种个体数目的分配状况。采用以 Shannon-Wiener 指数为基础的 Pielou 均匀度指数。

Pielou 均匀度指数（J）计算式为：

$$J = H/\ln S$$

以上数据处理利用 Excel 和 SPSS 软件完成。

（二）**数据分析**

将调查数据（乔木层、灌木层、草本层的完整样方资料）输入计算机，建立信息数据库，应用 VFP、CANOCO 多样性分析软件、SPSS13.0 等软件对原始数据进行统计分析并成图。

1. 物种区系分析

根据采集的植物标本，鉴定统计，建立数据库，根据吴征镒《中国种子植物属的分布区类型》，统计所有属的区系组成并进行分析。

2. 植物群落类型分布特征分析

根据样地数据，计算各气候区（中亚热带、南亚热带和北热带）中，乔木层、灌木层和草本层中各植物种的重要值。按重要值大小排序，确定其群系类型，并对群系内植被特征进行描述。同时，对群系内阔叶林和松林及其混交林乔木层共有种及其传播途径进行单独叙述。

3. 森林物种多样性分析

根据样地数据，计算每一样地中林下植被不同层次(乔木层、灌木层和草本层)的物种多样性，分别计算丰富度、物种多样性指数和均匀度指数，并根据群落的起源及人为干扰程度对调查数据进行统计分析。

第三节　主要结果

一、森林群落的物种多样性

广东省植物组成和分布稳定，植被区系发展悠久，种类丰富。结果显示，在调查的263个固定样地中，共记录植物种899个，分属于154科493属。其中，各生活型所占比例：乔木、灌木、草本、藤本、蕨类和竹类分别为32.26%、27.36%、20.91%、11.23%、6.67%和1.56%。在所记录的植物类群中，含10种以上的科共有19个，包括221属，459种，其属、种数分别比2007年增加13属，14种。优势科相比2007年增加了百合科。

广东省不同气候带中，乔木层 Simposn 指数(D)为 0.641~0.935；灌木层 Simposn 指数(D)为 0.937~0.973；草本层 Simposn 指数(D)0.981~0.996。森林生态系统中植物种数在垂直分布上变化趋势为：灌木层 > 乔木层 > 草本层。水平分布上，调查区域的物种数以中亚热带最大，北热带最小。其中，乔木层 Simposn 指数表现为南亚热带略高于中亚热带，Shannon-Weiner 指数和 Pielou 均匀度指数均表现为：中亚热带 > 南亚热带 > 北热带。灌木层的均匀度指数以北热带高，南亚热带次之，中亚热带最小。草本层的物种均匀度以北热带高，中亚热带次之，南亚热带最小。

表9-1　各气候带森林物种多样性分析

生活型	气候带	科数	属数	物种数	H	D	J
	中亚热带	71	162	310	3.631	0.935	0.633
乔木层	南亚热带	61	126	217	3.491	0.936	0.649
	北热带	10	11	13	1.281	0.641	0.499
	中亚热带	68	156	302	4.402	0.973	0.771
灌木层	南亚热带	58	140	225	4.263	0.969	0.787
	北热带	20	27	29	2.965	0.937	0.880

(续)

生活型	气候带	科数	属数	物种数	H	D	J
	中亚热带	67	147	190	1.266	0.981	0.239
草本层	南亚热带	65	143	179	0.861	0.996	0.165
	北热带	15	41	42	0.991	0.987	0.262

不同的气候区域，森林群落物种组成优势科有很大差异。乔木层，中亚热带以杉科、松科、壳斗科、山茶科和樟科为主；南亚热带以松科、桃金娘科、杉科、山茶科和樟科为主；北热带以桃金娘科、大戟科和无患子科为主。灌木层，中亚热带以蔷薇科、禾本科、山茶科、大戟科为主；南亚热带以禾本科、蔷薇科、大戟科和茜草科为主；北热带以马鞭草科、桃金娘科、藤黄科、大戟科和榆科为主。草本层，中亚热带以里白科、禾本科和乌毛蕨科为主；南亚热带以里白科、禾本科和菊科为主；北热带以禾本科、菊科和蝶形花科为主。

二、森林群落乔木层物种多样性

在调查的样地中，共记录乔木层树种390个，分属85科202属。其中，中亚热带共记录树种310个，分属71科163属。优势树种主要为杉木、马尾松、木荷和桉树。其中，杉木的重要值最大，其相对多度和相对显著度均较高，反映了该种在群落中具有较高的优势度和密度，但分布不均匀。马尾松的相对频度最大，说明其在调查区域分布比较均匀。

南亚热带共记录树种217个，分属61科126属。优势树种主要为马尾松、湿地松、杉木、桉树和木荷。其中，马尾松的重要值最大，其相对频度和相对显著度均最高，反映了该种在群落中分布比较均匀，具有较高的密度。湿地松、杉木、桉树和木荷的相对多度和相对显著度均较高，反映了这些树种在南亚热带有较大的密度和较高的优势度，是广东省主要人工林树种。

北热带共记录树种13个，分属10科11属。优势树种主要为桉树、橡胶树、龙眼和荔枝。其中，桉树的重要值最大，其相对多度和相对频度均最大，反映该种密度较大，在调查区域中分布比较均匀。橡胶树的相对多度和相对频度较小，相对显著度较大，说明该种以大径级的林木居多。

对比不同气候区域优势树种中的共有种桉树和山乌桕在各区域中的重要值变化，无论是相对多度、相对频度还是相对盖度，北热带的桉树均显著大于其他区域，这主要是由北热带的样地均为人工林导致。而山乌桕的

重要值在各气候区没有显著差异。

三、森林群落林下植被物种多样性

在调查的样地中，灌木层树种共记录412种，分属77科210属。中亚热带共记录树种302个，分属68科156属，主要种类为桃金娘、箭竹、菝葜、托竹和地稔。南亚热带共记录树种225个，分属58科140属，主要由桃金娘、菝葜、三叉苦、茶秆竹和野牡丹组成。北热带共记录树种29个，分属20科27属，优势树种主要为桉树、黄牛木、山油麻、桃金娘和大青。优势树种中，桉树、菝葜、粗叶榕、灯笼草、岗松、三叉苦、桃金娘和玉叶金花为不同气候区域的相同种。北热带桉树的相对多度、相对频度和相对盖度均显著大于其他区域，说明林下桉树萌芽的密度较大且分布均匀。重要值其次的是桃金娘，该种在南亚热带的重要值高于中亚热带和北热带。菝葜在广东省分布广泛，相对频度在3个气候区均较高。

在调查的样地中，共记录草本层物种308种，分属89科229属。中亚热带共记录190种，分属67科147属，主要为芒萁、五节芒、铁芒萁、芒和乌毛蕨。南亚热带共记录179种，分属65科143属，优势种为芒萁、雾水葛、蔓生莠竹、淡竹叶和刺芒、野古草等。北热带共记录42种，分属15科41属，优势种依次为飞机草、小蓬草、看麦娘、耳草和野古草。白茅、海金沙和芒为不同气候区域草本层优势树种的相同种，对比其在各区域中的重要值变化，芒在中亚热带和南亚热带草本层中的相对多度和相对频度较大，相对盖度较小，在北热带的相对盖度较大，这与人为干扰有很大的关系。海金沙在北热带分布的相对多度显著大于南亚热带和北热带，而相对频度则表现出低于另外2个分布区。

四、不同森林群落林下物种多样性比较

林下植被是森林生态系统的重要组成部分，在促进森林养分循环和维护林地土壤质量中起着不可忽视的作用，对维护整个系统的物种多样性也十分重要。因为林下植物在系统中充当一个库源的角色，一是本身对物质营养元素的吸收和积累，然后通过有机物形式归还土壤，同时还通过促进乔木枯落物的分解而提高养分归还速率。因此，研究森林林下植被及其物种多样性对森林生态系统的可持续发展具有重要的意义，包括改善林分结构及林下植物多样性发展的抚育改造是可持续森林生态系统经营的关键性措施。

天然林是宝贵的自然资源，蕴藏着极为丰富的生物多样性。它们不仅

具有生产木材及其林副产品的直接经济效益，还具有重要的生物多样性间接价值和潜在价值。不同森林类型林下植被的物种丰富度和多样性调查结果显示，天然林的物种多样性高于人工林，不同植被类型中，以竹林和灌丛物种多样性指数最小。在垂直结构上，草本层和灌木层表现出较大的差异，物种多样性指数表现为灌木层＞草本层。

针叶林是广东省丘陵山地分布面积最广的森林植被。广东省原生的天然针叶林面积很小，现有的针叶林及其混交林均为次生林或人工林。本次调查中，不同区域天然针叶林及其混交林的灌木层和草本层的物种丰富度、多样性和均匀度平均值分析结果显示，灌木层和草本层的物种多样性均表现为：针叶混交林＞针阔混交林。在垂直结构上，这些群落的物种多样性均表现为灌木层＞乔木层。灌木层物种多样性以中亚热带针叶林最大，中亚热带针阔混交林的物种均匀度最高。南亚热带针叶混交林的物种多样性最大，南亚热带针叶林的物种均匀度最高。

调查结果显示，无论是草本层还是灌木层，阔叶林的物种多样性均高于针叶林及其混交林。灌木层和草本层的物种多样性均表现为：落叶阔叶混交林＞阔叶林＞常绿阔叶混交林。在垂直结构上，这些群落的物种多样性均表现为灌木层＞乔木层。其中，灌木层物种多样性以南亚热带落叶阔叶林最高，草本多样性则以中亚热带落叶阔叶林最高。

人工植被在广东省的分布较广。本次调查中，针阔混交林无论是灌木层还是草本层，均具有较高的物种多样性，针叶混交林的物种多样性较低。在垂直结构上，各林分的物种多样性均表现为灌木层＞乔木层。中亚热带针阔混交林的灌木层和草本层的物种多样性均高于其他林分类型。经济林灌木层物种多样性最高，果树林最小。因为在果树林的经营过程中，林下灌木常被人为铲除，因此灌木层物种多样性低。而草本层的物种多样性则以果树林最高，经济林次之，用材林最小。用材林草本层物种多样性低与其集约经营水平较高有关。

分析不同气候区竹林和灌丛垂直结构的物种多样性发现，灌木层中，灌丛样方的物种多样性高于竹林。这是由于灌丛大多是因反复砍伐或火烧以后形成的次生植被，光照充足，灌木层多样性较高；而竹林受人为干扰较强烈，导致多样性较低。草本层则竹林略高于灌丛，可能是因为灌丛垂直结构不明显，郁闭度大，草本层光照资源不足导致。

五、不同森林群落灌木层物种多样性变化

与 2007 年调查结果相比，本次调查的样方数增加了 25 个，调查记录的植物科、属、种数分别增加 9 科、73 属、138 种。由于地形、土壤和人类活动上的差异，同一地区的森林群落和植物种类存在差异。广东省主要人工林灌木层物种丰富度、多样性和均匀度与 2007 年相比有较大差异。其中，果树林和油茶林的物种多样性有不同程度的增加，桉树林物种多样性变化不大，肉桂林和橡胶林的物种多样性略有减少，相思林灌木层物种丰富度、多样性减少，但均匀度略有增加。

马尾松、湿地松和杉木是广东省针叶林群落主要树种，也是广东省传统经济用材的主要资源，目前在全省森林群落中还占有较高的地位。但随着自然演替，许多针叶林正向着针阔混交林方向发展。与 2007 年调查对比，本次调查中，马尾松林和杉木林灌木层的物种多样性略有减少，杉木林林下灌木的均匀度高于 2007 年。中亚热带湿地松林的灌木层的物种多样性也高于 2007 年。

广东森林在地理分布上，北部的地带性森林是亚热带常绿阔叶林，中部和南部的地带性森林是亚热带季风常绿阔叶林。与 2007 年相比，本次调查中，中亚热带常绿阔叶林、阔叶林和南亚热带常绿阔叶林的物种丰富度略有减少。南亚热带落叶阔叶林的物种丰富度比 2007 年增加。而两次调查中，各阔叶林群落的物种多样性和均匀度基本一致。

第四节　结论与讨论

一、结论

（1）广东植物组成和分布稳定，种类丰富。在所调查的 263 个样地中，共记录了 899 种植物，隶属于 154 科 493 属，生活型为乔木、灌木、草本、藤本、蕨类和竹类 6 种，物种所占比例分别为 32.26%、27.36%、20.91%、11.23%、6.67% 和 1.56%。植物种数比 2007 年增加 13 属 14种。优势科相比 2007 年增加了百合科。

（2）广东省不同气候带中，乔木层 Shannon-Weiner 指数（H）为 1.281 ~ 3.631；灌木层 Shannon – Weiner 指数（H）为 2.965 ~ 4.402；草本层 Shan-

non-Weiner 指数(*H*)0. 861 ~ 1. 266。

（3）共记录乔木层树种390个，分属85科202属。其中，中亚热带共记录树种310个，分属71科163属，优势树种主要为杉木、马尾松、木荷和桉树。南亚热带共记录树种217个，分属61科126属，优势树种主要为马尾松、湿地松、杉木、桉树和木荷。北热带共记录树种13个，分属10科11属，优势树种主要为桉树、橡胶树、龙眼和荔枝。

（4）阔叶林的物种多样性均高于针叶林及其混交林。灌木层和草本层的物种多样性均表现为：落叶阔叶混交林＞阔叶林＞常绿阔叶混交林。在垂直结构上，这些群落的物种多样性均表现为灌木层＞乔木层。其中，灌木层物种多样性以南亚热带落叶阔叶林最高，草本多样性则以中亚热带落叶阔叶林最高。

二、讨论

（一）多样性调查建议考虑机械布点与典型取样相结合

广东省森林分布不均匀，少量的次生性强的森林处于点或小片状分布。由于机械布点没有考虑到地形因素以及植被分布的变化，因此对整个森林群落特别是次生林群落的代表性不是很强。中亚热带的森林样地较多，类型也比较丰富，而热带的森林样地数量相对较少，且均为人工林，代表性也不够。受样地设置的限制，本次调查无法直观地体现不同气候区植物多样性的差异。因此，应该以机械布点与典型取样相结合，建议对一些代表性不够的群落类型补充一些典型样地对相关资料进行完善。

（二）乔木层起测胸径的确定

乔木层起测胸径的确定在森林群落物种多样性研究工作中至关重要，起测点引起的结构变化对森林的生产力构成和群落的种类组成等产生影响。所以，在进行多样性或种类组成比较时也应在相同的起测点前提下进行才有意义。对于森林生物多样性的监测，林下的小乔木对环境变化的敏感度可能会更优于一些高大的乔木。但起测点过小加大了野外调查工作量，也降低了工作效率。而且一些高大的灌木也可能因为进入到起测直径而被视为乔木，这可能会对结果造成一定的影响。本次多样性调查乔木层起测点为2cm，与大多数亚热带地区植被群落调查的起测点一样，但明显加大了外业工作强度，影响了调查进度。因此，今后可以考虑将乔木多样性调查起测点定为5cm。

第十章

试点总结与成果推广

第一节　工作总结

一、工作组织

（一）成立工作领导机构

广东省林业厅成立连续清查工作领导小组，成员由省林业厅和国家林业局中南林业调查规划设计院有关负责人组成，强化各项工作的组织领导，并在省林业厅林政处设连续清查办公室，主要负责试点工作组织、队伍组织、人员协调、物资准备、质量检查管理和成果产出等工作。广东省林业调查规划院成立了清查协调组、技术筹备组、外业工作组、内业工作组、物资保障组、质量检查组和宣传组，各司其职，各负其责。省林业厅还专门发出文件，要求全省各地林业局高度重视此项工作，成立相应领导小组，调派精干的技术力量，并提供必要的工作条件，积极配合广东省林业调查规划院专业技术队伍完成本地区试点及复查任务。

（二）组建调查队伍

本次综合监测试点工作，增加了多项新的内容，涉及面广，任务量大。为了保证本次综合监测试点及连续清查复查工作质量，本次外业调查工作，以广东省林业调查规划院专业调查队伍为主，各县（市、区）林业局抽调技术骨干协助配合。同时，领导小组积极联系、组织相关大学院校和专家一起合作，有力保障了本次试点工作的顺利进行及成果产出。调查队伍具体情况详见表10-1。

（三）筹措经费

本次综合监测试点是与连续清查复查工作同步进行的，全省工作经费

除国家专项补助资金外，积极筹措省级财政配套经费，经费使用严格执行有关财政制度，做到专款专用，保证试点工作顺利开展。

（四）宣传报道

为宣传本次综合监测试点及复查工作，广东省共编发试点及连续清查工作简报 12 期，拍摄专题宣传片 1 部，并通过广东省林业调查规划院和省林业厅网站，大力宣传了试点及连续清查工作。

表 10-1　技术队伍组成

调查单位	负责分工
广东省林业调查规划院	试点工作方案、技术方案和操作细则的编写，卫星影像处理，技术培训，外业调查，省级质量检查，数据录入，统计分析，试点相关成果报告编写
国家林业局中南林业调查规划设计院	工作方案、技术方案和操作细则的审核，技术指导，国家级质量检查，连续清查成果报告编写等
华南农业大学	植物物种识别调查培训、指导；植物识别手册编写
中南林业科技大学	植物多样性外业调查，协助林业碳汇计量监测专项调查
县（市、区）林业局	辅助外业调查

二、工作准备

（一）制定试点技术方案和操作细则

提前做好广东连续清查第七次复查技术筹备。从 2011 年 11 月 24 日开始，广东省林业调查规划院就着手编制常规连续清查工作方案、技术方案和综合监测试点技术方案，技术方案通过专家反复论证，确定试点内容包括：森林生态状况监测因子优化与综合评价指标体系构建，森林面积、蓄积年度出数，不同森林资源监测体系数据协同性分析，森林碳储量与碳汇潜力研究，基于平板电脑的连续清查数据信息化采集等；并编写《国家森林资源与生态状况综合监测广东试点暨广东省森林资源连续清查第七次复查操作细则》（以下简称《操作细则》）。

（二）开展技术培训

本次综合监测试点的技术培训是与连续清查培训同步进行的。对专业技术人员进行了为期 10 天的技术培训，培训内容包括：综合监测技术方案、操作细则学习，基于 iPAD 连续清查数据信息化采集系统、GPS 使用操作，树种识别基础知识、树种识别实习，样地调查实地操作，质量控制

与生产安全教育等多个方面。除进行《操作细则》理论培训外，还开展了外业调查实习，对清新县境内的58个固定样地进行了试生产性质的调查，并完成了该县的全部调查任务。经理论考试和实际操作能力考核，参加培训的技术人员全部考核合格，并获得省连续清查办颁发的上岗证。通过培训达到了统一思想认识、统一技术标准、统一调查方法的目的，为本省综合监测试点和连续清查复查工作的顺利开展奠定了良好的基础。

（三）物资准备

工作开展前期做好资料收集和物质准备。资料和物资详见表10-2、表10-3。

表10-2　资料准备一览表

序号	资料名称
1	标注有样地编号的1：5万地形图以及标注有遥感判读点位、编号和坐标示意图的1：5万地形图
2	标注大样地网格的1：1万地形图、1：1万影像图
3	最新高分辨率遥感影像
4	调查记录表、遥感调查记录卡片、检查记录卡片及上期样地调查记录
5	《广东森林植物》
6	各种监测成果、规划成果及其他有关资料
7	全省2011年森林资源档案数据
8	全省流域资料

表10-3　物资准备一览表　　　　　　　　　　　单位：个

序号	物资名称	数量
1	数码相机	80
2	GPS	80
3	iPAD	80
4	罗盘仪	80
5	围尺	80
6	皮尺	80
7	标尺	80
8	修枝剪	80
9	铝牌	180000
10	铁锤	80

(续)

序号	物资名称	数量
11	弹簧秤	80
12	样品袋(30cm×20cm)	5000
13	样品袋(120cm×80cm)	500
14	工具包	80
15	应急药品	若干

三、工作开展

(一) 外业调查

本次综合监测试点及连续清查复查外业调查工作从2012年6月下旬开始，至10月底完成，历时4个月。

1. 常规固定样地调查

对全省按6km×8km布设的3685个边长25.82m的正方形固定样地(面积约0.0667hm^2)进行常规森林资源及生态状况因子调查，查清全省森林资源与生态状况现状及复查间隔期动态变化情况。

2. 遥感调查

对上期按2km×2km布设的44562个遥感样地(边长为90m的正方形样地)，通过建标、判读、验证，进行新一轮的判读和分析，利用"3S"技术对石漠化、沙化土地和湿地进行调查。

3. 大样地区划调查

以公里网交叉点为样地中心点，按24km×16km间隔机械抽样，布设459个2km×2km遥感大样地，对其进行地类遥感区划判读。在大样地区划判读基础上，固定中心点抽取500m×500m样地进行区划判读地类地面调查验证。

(1)遥感判读。

①地类判读：利用高分辨率遥感影像，根据遥感影像特征信息，进行人工目视解译。根据建立的遥感解译标志，按照主要地类对每个2km×2km方形样地范围内影像进行判读。利用面状要素分割功能，按地类必须一致，优势树种、龄组、郁闭度等尽量一致的原则，将遥感影像上同质区域逐一划分成不同大小、形状的地块。影像上明显与植被信息不同，且地块原地类属性为非林地的地块可直接确定为非林地，林地则根据影像、辅助资料等手段准确判读地类并区划。完成图面区划后，需要为每个地块添

加相应的属性信息，并填写相关表格。

②蓄积判读：主要对 500m×500m 实地区划小班林分蓄积量进行判读。判读方法为：先基于二类档案小班公顷蓄积量和遥感影像特征判读小班公顷蓄积量，再利用连续清查数据与对应年份二类调查档案数据分树种（组）和龄组建立经验修正系数对判读值进行修正。

（2）实地验证。首先制作 500m×500m 验证调查底图（遥感图和1∶1 万地形图为底），根据外业调查底图核对实际地类与遥感区划地类及界线，界线误差超过 5% 的需要在图上勾绘出新的界线，地类不正确的在图上标明正确的地类。区划地块中有多个不同地类时，需要在图上重新勾绘界线，并为新的地块进行编号。每验证完成一个地块需要将新的验证信息填入相关表格。

4. 森林碳储量调查

在连续清查固定样地中，按气候带、森林类型、起源、年龄进行样地抽取，共抽取 246 个碳汇监测体系样地，分别进行乔木层、下木层、灌木层、枯落物、枯死木生物量采样调查，开展广东省森林碳储量与碳汇潜力研究。

5. 森林植物多样性调查

对上期按 24km×16km 布设的 459 个点间距抽样系统（1/8）样地进行森林植物多样性调查。本次要求调查到植物种。

（二）内业整理

1. 数据上传

为提高监测效率，本次综合监测试点采用基于平板电脑（iPAD）的森林资源连续清查数据信息化采集系统进行外业调查数据采集，各工组在外业调查结束后，将调查数据上传至总服务器。

2. 数据检查

一是各工组根据 iPAD 逻辑检查的问题对样地卡片进行自检；二是质检组进行卡片逻辑检查；三是省连续清查办公室对有疑问的样地再进行复检；四是将省级检查无误后的卡片移交国家林业局中南林业调查规划设计院技术人员检查、修正所有逻辑错误因子，确保原始调查数据的准确无误和完整。对所有样地进行了 100% 的前后期对照检查，并对异常变动样地、重点样地和重点样木反复核对，力求准确无误。

3. 数据统计分析

数据录入准确无误后，进行数据处理，开展数据统计分析工作。本次试点涉及内容多而广，数据庞大，内业统计工作量大。因此，专门成立了内业工作组,对获取数据进行深入分析,为成果产出奠定基础。

(1)大样地区划调查数据分析。充分利用最新高分辨率遥感影像,结合林地保护利用规划、二类调查档案数据、森林资源连续清查和各项专业调查等资料对 2km×2km 大样地进行遥感区划判读,在样地中心点切取 500m×500m 范围进行实地调查以及蓄积判读。以遥感区划判读样地为一重样本,实地调查样地(蓄积判读结果)为二重样本,采用双重回归估计方法产出森林资源面积、蓄积量指标,探索面积、蓄积量年度出数方法。

(2)不同监测体系数据协同性分析。在相同的技术标准下,对大样地区划调查、一类调查和二类调查数据的森林面积、蓄积量等进行两两对比,分析不同监测体系数据差异原因。由于全省二类调查数据中林地面积存在重叠,因此进行了数据平衡;同时,对部分地类进行了相应调整,以统一技术标准。

(3)森林碳储量现状及碳汇潜力分析。通过调查地上生物量、枯死木生物量、枯落物生物量、地下(根)生物量、土壤有机碳等森林碳库,计算广东省森林植物碳储量。统计森林采伐、占用征收、森林火灾等数据,计算年度森林碳排放。根据森林碳分布规律、新成林和林分生长模型,测算年度森林碳汇,分析广东省森林碳储量和碳汇潜力。

(4)森林生态状况因子优化。结合多期生态状况动态监测数据,对现有的生态因子进行动态分析和总结,评价各生态因子的科学性及可比性,进行因子筛选和优化;从生态状况、功能、效益等方面入手,建立目标树,确定层次关系;再利用层次分析法,进行综合评价,提出优化方案,构建森林生态状况综合评价指标体系。

(三)研究成果编制

研究组多次召开技术研讨会,不断咨询、总结和修改,编制了《2012 年国家森林资源与生态状况综合监测广东试点成果报告》《2012 年国家森林资源与生态状况综合监测广东试点专题报告》等试点成果,在此基础上编写"森林资源与生态状况综合监测理论与实践"系列丛书,其中包括《森林资源年度出数方法研究——基于大样地区划调查》《广东森林植物》以及本书等。

第二节　技术总结

一、监测理念创新化

传统的森林资源清查是我国调查森林资源的最重要方法之一。在长期森林资源调查过程中所建立起来的调查理论体系强有力地支撑着我国林业调查事业的发展。森林资源连续清查的目的是掌握森林资源现状及其动态变化，向政府和社会大众公布可利用森林资源数量与分布，其核心理论是传统林业的资源论。

但森林资源监测理念只有不断创新和发展，才能适应现代林业发展的需要。为此，广东省尝试了从单一森林资源监测向森林资源与生态状况综合监测转变。在2002年率先提出森林生态宏观监测研究，增加生态监测因子；2007年，广东开展森林资源与生态状况综合监测试点，将森林生物量、森林生态功能等级、森林植物多样性、森林自然度和森林健康度等纳入全国第八次清查技术规程；2012年，进一步创新综合监测理念，将大样地区划调查、不同监测体系数据协同性分析、森林碳储量和碳汇潜力研究等进行试点，并取得了阶段性成果。监测目标实现了由单一化向多元化发展。

二、监测技术集成化

我国森林资源连续清查体系从开始建立到现在已运行了30余年，全国每年集中1/5的省（自治区、直辖市）开展连续清查复查工作，5年为一个监测周期。这一监测体系对国家虽然具有方法简捷、产出成果连续、易于组织实施等优点，但随着国家对林业生态建设的"双增目标"绩效评价需要和社会大众对环境关注程度的日益高涨，传统监测体系监测能力不足、产出成果的完整性和时效性差等问题逐渐暴露出来，难以满足政府和公众对森林资源生态变化的及时掌握和知情需要。

随着经济社会的发展，科学技术日新月异，新技术、新手段、新方法为监测体系发展带来新机遇和可能。计算机的性能提升与普及应用，RS技术、GIS技术、MIS的推广应用，抽样技术、模型技术、实验技术等各种监测技术的实践和总结，为传统的森林资源监测体系综合集成发展提供了坚实的基础。

本期开展的森林资源与生态状况综合监测试点中，按 24km×16km 间隔，以公里网交叉点为样地中心点布设 459 个 2km×2km 大样地，对其作地类遥感区划调查。通过试点大量的分析工作，认为大样地调查方法能够获得森林面积；辅助区划小班的实地蓄积调查，可以获得森林蓄积量；利用二类调查档案更新的各类生长模型，可以实现数据的年度更新，从而满足于"双增目标"年度考核的要求。蓄积量的精度随着实地补充蓄积调查将进一步提高，满足年度考核的需要。

三、监测手段信息化

监测手段的改进主要体现在信息采集、数据处理、信息辅助应用、信息管理等方面。信息采集方式由过去的单一、分散方式向技术集成方向发展，提高了监测精度和效率。试点中针对平板电脑的大屏幕、良好的用户操作体验、电池续航能力强的特点、强大的图形处理功能和实时通讯功能，集成 RS 技术、GIS 技术、GPS 技术、MIS 技术和专家系统，开发了基于平板电脑的森林资源连续清查数据信息化采集系统，集数据录入、定位导航、样地图形编辑、样木位置图实时自动绘制、照相录像、树种辅助识别、数据逻辑检查、无线传输于一体，实现调查数据采集的信息化作业，提高数据采集和内业处理效率，保证了森林资源连续清查调查精度。平板电脑在本次试点样地调查中广泛使用。

四、监测内容综合化

森林具有经济、生态、文化功能。气候变化是全球未来发展所面临的巨大挑战，森林作为陆地生态系统的主体，在减缓温室气体排放方面发挥着重要的作用。森林碳汇功能是现代林业发展的一项重要功能。森林资源与生态状况综合监测内容包括森林资源、森林生态状况、森林碳汇等。因此，与时俱进，将森林碳汇计量与监测体系纳入试点，综合监测内容更趋综合化。

五、监测成果多元化

本次试点总结出版了《基于平板电脑的森林资源清查数据采集与管理系统》和《广东森林植物》。同时，研究编制了《广东省大样地区划调查试点成果推广应用技术初步方案》（草案）。总之，随着由过去单一数据采集发展到影像、空间、结构综合数据采集，丰富的信息材料为成果的产出提

供了有利条件。监测成果由简单的森林资源调查报告（正文＋附表）向综合成果文集发展，包括森林资源评价、经营水平评估分析、各项专题分析与评价、数据库和专题图像等。

目前，全国各省（自治区、直辖市）一类调查与二类调查两个监测体系基本上是目标不同的独立体系，互不衔接。因此，国家与地方存在不一致的两套森林资源数据，本次试点针对当前一类调查与二类调查数据存在偏差的问题，开展不同森林资源监测体系数据协同性分析，基本掌握了产生数据差异的原因，为协调国家监测体系与地方监测体系、完善监测技术与方法、加强森林资源经营管理等提供科学依据。

六、监测指标体系化

本次试点结合广东省生态状况多期动态监测数据，综合研究现有监测因子的科学性、可行性、实用性、可比性、针对性、指导性，进行因子筛选和优化；从生态状况、功能、效益等方面综合考虑选取生态状况监测指标，提出将所需监测生态状况归纳为生态状况、生态功能特征、生态监测指标与因子3个层次；适当调整监测指标、监测方法及监测时序等，以提高监测效率，为逐步构建广东省森林生态状况综合评价指标体系，为广东省发布年度林业生态信息提供依据，为丰富连续清查内容提供经验和借鉴。

七、监测组织专业化

常规调查、专题调查和专业调查相结合。常规调查队伍主要由广东省林业调查规划院专业技术人员组成，地方林业部门技术人员参与；专题调查队伍主要由广东省林业调查规划院和高等专业院校共同组成；专业调查队伍主要由高等院校专业技术人员组成。

第三节　技术储备

森林资源与生态状况综合监测是一项复杂的系统工程。要开展此项工作，必须具有相关的技术基础，这影响到综合监测的广度与深度。这些技术基础，包括编制基础数表、建设生态实验室、组织技术队伍和购置装备等4个方面。

一、编制基础数表

开展森林资源与生态状况综合监测所需基础数表(模型)的种类和数量,主要取决于综合监测内容与指标对预估模型的需要。为开展综合监测试点研究,广东省已经编制了以下模型:

(一)立木材积模型

编制了杉木、马尾松、湿地松、桉树、黎蒴、速生相思树、软阔叶树、硬阔叶树等8种主要树种(组)的二元立木材积模型。

(二)相对树高曲线模型

为配合二元立木材积模型的使用,编制了杉木、马尾松、湿地松、桉树、黎蒴、速生相思树、软阔叶树、硬阔叶树等8个主要树种(组)相对树高曲线预估模型,以减轻样地树高测量工作。

(三)林分生物量模型

为减轻编制林分生物量预估模型工作量,在前人研究成果的基础上编制了适用于广东的杉木、马尾松、湿地松、桉树、阔叶树5类树种的干、枝、叶、根林分生物量模型。

(四)竹子生物量模型

竹子生物量模型编表资料较少,为减少采集编表资料的工作量,引用了前人编制的毛竹、杂竹两类竹子的干、枝、叶、根林分生物量模型。

(五)下木生物量模型

为监测林分中未进入每木检尺的下木生物量,编制了杉木、松木、阔叶树3类主要下木总生物量模型。

(六)灌木生物量模型

为了监测灌木生物量动态变化,编制了桃金娘、岗松、杂灌、竹灌4类主要灌木总生物量模型。

(七)草本生物量模型

为了监测草本植物生物量动态变化,编制了芒萁、蕨类、大芒、小芒、杂草5类主要草本植物总生物量模型。

(八)森林植物枯落物储量模型

按杉木、马尾松、湿地松、桉树、阔叶树、毛竹、杂竹、针叶混交林、针阔混交林9种林分类型编制了枯落物储量模型。

(九)森林植物储能量模型

本模型用于全省森林植物能量储量的计算。森林植物储能量模型的种类与数量和森林植物生物量模型种类与数量相同。

二、建设生态实验室

开展森林资源与生态状况综合监测，需要分析大量实验数据。如果把实验分析数据转包给社会完成，除资金外，还涉及实验机构与外业取样的时间配合问题。实验室的仪器装备配置，主要由实验室应具备什么样的实验分析功能所决定。由于实验室所赋予的功能不同，所需实验分析仪器也各不相同。广东省林业调查规划院根据院林业生态实验室主要功能，配备气相色谱仪、C·H·N·S元素分析仪、热量测定仪、高速冷冻离心机、紫外分光光度计、冰箱、精密分析天平、恒温振荡仪、蒸馏水器、马福炉、土壤 pH 仪、普通离心机、通用研磨机、超声波清洗器、控温烘箱、微型真空泵和真空干燥器等仪器设备。

三、组织技术队伍

森林资源与生态状况综合监测，是一项综合性较强的监测工作，需要林学、森林生态学、植物分类、森林动物、遥感、地理信息系统、计算机应用等专业知识，多学科专业人员共同参与才能较好地完成任务。对于从事森林资源调查工作的队伍，其专业结构不完全适应综合监测要求，需进行专业结构调整，加强森林生态、景观生态、植物分类、森林动物、土壤、环保、遥感、地理信息系统和计算机应用与开发等方面的专业技术人才的引进。

加强综合监测队伍技术培训，提高综合监测队伍技术水平。对从事综合监测的技术人员进行森林资源和生态监测的新理论、新观念、新技术、新方法和新仪器等技术培训，全面进行野外调查实习，熟识各项任务的调查要求，掌握各项专业调查的技术要领，并且统一命题进行考试，考试合格后才能上岗，参加森林资源和生态综合监测工作。

四、购置装备

为提高综合监测成果质量和水平，完善其监测装备是一项重要的基础工作。监测装备包括综合监测基础数据源处理设备、野外样地复位专用仪器、生态因子监测专用仪器、野外样地无纸化信息采集专用仪器、实验分析设备等。设备的购置存在政府采购和货源供给等问题，应预先准备。此外，综合监测工作内容多，时效性强、涉及的专业仪器设备多样，熟练使用需要一段时间，装备购置应及时。有些专业设备需要有针对性地进行二次开发以适应各省（自治区、直辖市）的实际情况，装备应提前准备。

第四节　成果推广

一、大样地调查方案推广应用

根据试点结果，大样地调查方法科学，效率提高，人力、物力上可行，产出的林地、森林、有林地和乔木林等主要森林资源数据精度高，结果可靠。全国推广时，遥感样地大小为 1.5km×1.5km，实地验证样地大小为 500m×500m 的双重抽样组合应为最优方案。

试点推广应用时，应考虑以下几点：一是前后期遥感变化信息的有效提取，及监测的连续可比性，前后期遥感数据源应尽量一致。遥感判读样地与地面验证样地空间位置应予以固定，前期遥感数据几何精校正的地面控制点（GCP）数据应保留，确保前后期样地位置一致。二是在全国推广应用时，样地数量计算可充分考虑利用本次试点建立的地类面积成数与变动系数、地类面积成数与相关系数的关系，推算各省（自治区、直辖市）大样地调查数量。三是为分析布设的大样地是否存在周期性变动，可以考虑利用大样地空间相应位置的清查样地进行系统抽样统计，与不同位置系统抽样的清查结果进行比较分析。四是小成数地类和林分监测因子进行解译判读正判率不高，建议重点关注有林地、乔木林、灌木林等与森林、蓄积量相关的因子，小地类和林分因子应适度简化或合并，以提高正判率。五是实地验证人员与遥感判读人员相对独立。六是应加强二类调查数据的管理，尽可能保证二类调查数据档案更新面积的准确性。此外，判读时还应结合调查年的森林资源变化的图、表资料。

二、基于 iPAD 的森林资源与生态状况综合监测信息化数据采集与处理系统推广应用

试点针对平板电脑的大屏幕、良好的用户操作体验、电池续航能力强的特点，开发了基于平板电脑的森林资源连续清查数据信息化采集系统，集数据录入、定位导航、样地图形编辑、样木位置图实时自动绘制、照相录像、树种辅助识别、数据逻辑检查、无线传输于一体，实现调查数据采集的信息化作业，提高数据采集效率。

本次试点广泛使用平板电脑，用于外业样地调查信息的无纸化采集，减轻了外业工作量、提高了连续清查内业工作效率与调查精度。因此，基

于 iPAD 的森林资源与生态状况综合监测信息化数据采集与处理系统具有较高的推广应用价值。

三、生态状况监测因子优化推广

生态状况监测因子众多，且受不同的技术条件和经济条件影响。但各省（自治区、直辖市）均将全部生态因子纳入体系同时进行监测，将具有很大的困难。因此，可将所需监测的因子归纳为生态状况、生态功能特征、生态监测指标与因子 3 个层次。

监测指标、监测方法及监测时序等应进行适当调整，以提高监测效率。

监测指标通过固定样地调查获得；监测因子则通过专题调查、室内实验分析或者是内业计算获得。

1. 调整监测方法

生态状况监测指标与因子众多，单一采用某种方法显然无法对各指标和因子进行有效的监测。本次调查监测指标通过固定样地调查获得；监测因子则通过专题调查、室内实验分析或者是内业计算获得。

2. 调整监测时序

生态状况监测指标与因子随时间变化的幅度较小，或者是准确调查指标与因子所需要的成本和技术力量要求较高，如森林土壤的监测指标与因子还需要通过室内分析和内业处理等，无法短期内提供监测成果，其监测周期建议调整为 10 ~ 15 年。

3. 提高生态状况监测指标监测的效率

常规固定样地因子的调查时，由于样地通常交通偏远，样地周围植物繁茂，地形条件复杂，调查操作的精度要求高，这无形造成常规调查所需要的时间较多，技术人员工作负荷较重。因此，增加生态调查因子的同时，应充分考虑减少外业的时间。明确监测指标通过外业调查获得，监测因子通过内业处理获得，并对一些内容如土壤、湿地、沙化、石漠化和生物多样性设立专题进行监测。

4. 逐步推进树种名称的调查

在样地每木检尺调查中，对检尺样木要求调查记载具体树种名称，这对样地内物种多样性保护有着重要意义。但是，由于调查队员的植物分类学专业知识和样地外业调查时间的局限，无法高效准确地获取。因此，植物种类的调查应先扩展林分优势树种范围，再向不断提高树种名称的准确度方向努力。

参考文献

曹吉鑫，田赟，王小平，等. 森林碳汇的估算方法及其发展趋势[J]. 生态环境学报，2009，5：2001－2005.

常广军，赵学瑛，吴琼，等. 星源通掌上电脑(PDA)在森林资源二类调查中的应用[J]. 内蒙古林业调查设计，2006，29(4)：28－29.

陈希孺. 数理统计引论[M]. 北京：科学出版社，1997.

陈雪峰. 试论国家森林资源连续清查体系的建设[J]. 林业资源管理，2000，22(2)：3－8.

崔国发，邢韶华，姬文元等. 森林资源可持续状况评价方法[J]. 生态学报，2011，31(19)：5524－5530.

邓鉴锋. 新形势下广东省森林资源监测体系建设的探讨[J]. 中南林业调查规划院，2010，29(4)：12－15.

方精云. 北半球中高纬度的森林碳库可能远小于目前的估算[J]. 植物生态学报，2000，5：635－638.

方运霆，莫江明. 鼎湖山马尾松林生态系统碳素分配和贮量的研究[J]. 广西植物，2002，4：305－310.

冯仲科，罗旭，石丽萍. 森林生物量研究的若干问题及完善途径[J]. 世界林业研究，2005，3：25－28

葛宏立，周国模，张国江，等. 遥感、地面三相抽样及其在森林资源年度监测面积估计中的应用[J]. 林业科学，2007，43(6)：77－80.

顾凯平，张坤，张丽霞. 森林碳汇计量方法的研究[J]. 南京林业大学学报(自然科学版)，2008，5：105－109.

光增云. 河南森林植被的碳储量研究[J]. 地域研究与开发，2007，1：76－79.

广东省林业调查规划院. 广东省第二次石漠化监测报告[S]. 2012 年.

广东省林业调查规划院. 广东省第四次沙化监测成果[S]. 2010 年.

广东省林业调查规划院. 国家森林资源和生态状况综合监测广东省试点报告[S]. 2008 年.

国家林业局森林资源管理司. 国家森林资源连续清查主要技术规定(修订版)[S]. 2003.

约翰·庞弗雷特. 人口环境制约中国崛起[N]. 美国华盛顿邮报，2008－07－27.

郝占庆，于德永，吴钢. 长白山北坡植物群落 β 多样性分析[J]. 生态学报，2001，21(12)：2018－2022.

姜萍等，赵光，叶吉，等. 长白山北坡森林群落结构组成及其海拔变化[J]. 生态学杂志，2003，22(6)：28－32.

焦秀梅，项文化，田大伦. 湖南省森林植被的碳贮量及其地理分布规律[J]. 中南林学院学报，2005，1：4－8.

焦燕，胡海清．黑龙江省森林植被碳储量及其动态变化[J]．应用生态学报，2005，12：2248－2252.

亢新刚．森林资源经营管理[M]．北京：中国林业出版社，2001.

李晨．iPAD应用开发实战[M]．北京：机械工业出版社，2011.

李铭红，于明坚，陈启瑺，等．青冈常绿阔叶林的碳素动态[J]．生态学报，1996，06：645－651.

李小川，李兴伟，王振师，等．广东森林火灾的火源特点分析[J]．中南林业科技大学学报，2008，1：89－92.

廖声熙，喻景深，姜磊，等．中国非木材产品分类系统[J]．林业科学研究，2011，24（1）：105.

林俊钦．森林生态宏观监测系统研究[M]．北京：中国林业出版社，2004，12－17.

刘安兴．森林资源年度监测理论与方法——以浙江省为例[D]．南京：南京林业大学，2006：1－2.

刘国华，傅伯杰，方精云．中国森林碳动态及其对全球碳平衡的贡献[J]．生态学报，2000，05：733－740.

刘鹏举，周宇飞，李志清，等．多专题森林资源调查数据输入建模技术研究[J]．北京林业大学学报，2009，31（1）：50－54.

刘三平，李利，曾伟生．关于完善地方森林资源监测体系的思考[J]．中南林业调查规划，2011，30（3）：1－8

刘新，张绍晨，孟庆祥，等．PDA森林资源数据采集软件的设计与实现[J]．林业资源调查，2009，（3）：117－120.

陆元昌．森林健康状态监测技术体系综述[J]．世界林业研究，2003，16（1）：20－25.

马钦彦，陈遐林，王娟，等．华北主要森林类型建群种的含碳率分析[J]．北京林业大学学报，2002，Z1：100－104.

马钦彦，谢征鸣．中国油松林储碳量基本估计[J]．北京林业大学学报，1996，03：31－34.

莫江明，方运霆，彭少麟，等．鼎湖山南亚热带常绿阔叶林碳素积累和分配特征[J]．生态学报，2003，10：1970－1976.

阮宏华，姜志林，高苏铭．苏南丘陵主要森林类型碳循环研究——含量与分布规律[J]．生态学杂志，1997，06：18－22.

沈茂才．中国秦岭生物多样性的研究和保护[M]．北京：科学出版社，2010，319－320.

史光建，王福军．PDA在森林资源调查中的工作流程与操作简介[J]．林业勘查设计，2008，（4）：12－13.

舒清态，唐守正．国际森林资源监测的现状与发展趋势[J]．世界林业研究，2005，18（3）：33－37.

唐宵，黄从德，张健，等．四川主要针叶树种含碳率测定分析[J]．四川林业科技，2007，02：20－23.

田大伦，项文化，闫文德．马尾松与湿地松人工林生物量动态及养分循环特征[J]．生态学报，2004，10：2207－2210.

王兵, 魏文俊. 江西省森林碳储量与碳密度研究[J]. 江西科学, 2007, 06: 681 – 687.

王登峰. 广东省森林生态状况监测报告[M]. 北京: 中国林业出版社, 2004.

王立海, 孙墨珑. 东北12种灌木热值与碳含量分析[J]. 东北林业大学学报, 2008, 5: 42 – 46.

王六如, 李崇贵. 森林资源清查移动GIS系统研制[J]. 林业科学, 2010, 46(8): 174 – 175.

王佩卿, 余俊, 李民栋. 水杉木材半乳糖基 – 葡萄甘露聚糖的结构研究[J]. 南京林业大学学报(自然科学版), 1986, 2: 66 – 73.

王孝康. PDA在森林资源清查中的应用[J]. 山西林业科技, 2006, (2): 34 – 36.

王效科, 冯宗炜, 欧阳志云. 中国森林生态系统的植物碳储量和碳密度研究[J]. 应用生态学报, 2001, 1: 13 – 16.

王雪军, 黄国胜, 孙玉军, 等. 近20年辽宁省森林碳储量及其动态变化[J]. 生态学报, 2008, 10: 4757 – 4764.

王雪梅, 曲建升, 李延梅, 等. 生物多样性国际研究态势分析[J]. 生态学报, 2010, 30(4): 1066 – 1073.

王振堂. 掌上森林资源调查仪二类调查软件的开发应用及特点[J]. 林业科技情报, 2007, 39(2): 10 – 11.

魏安世. 基于"3S"的森林资源与生态状况年度监测技术研究[M]. 北京: 中国林业出版社, 2010.

肖兴威, 姚昌恬. 陈雪峰, 等. 美国森林资源清查的基本做法和启示[J]. 林业资源管理, 2005, 27(2): 27 – 33; 42.

肖兴威. 中国森林资源和生态状况综合监测研究[M]. 北京: 中国林业出版社, 2007: 4 – 5.

肖兴威. 中国森林资源清查[M]. 北京: 中国林业出版社, 2005: 154 – 169.

徐冰, 郭兆迪, 朴世龙, 等. 2000 – 2050年中国森林生物量碳库: 基于生物量密度与林龄关系的预测[J]. 中国科学: 生命科学, 2010, 40: 587 – 594.

薛立, 杨鹏. 森林生物量研究综述[J]. 福建林学院学报, 2004, 3: 283 – 288.

闫宏伟, 黄国胜, 曾伟生, 等. 全国森林资源一体化监测体系建设的思考[J]. 林业资源管理, 2011, (6): 6 – 11.

彦辉, 唐守正. 德国等欧洲国家的森林受害及监测[C]. 面向21世纪的林业论文集, 北京: 中国农业科技出版社, 1998.

曾伟生, 程志楚, 夏朝宗. 一种衔接森林资源一类调查和二类调查的新方案[J]. 中南林业调查规划, 2012, 31(3): 1 – 4.

曾伟生, 周佑明. 森林资源一类和二类调查存在的主要问题与对策[J]. 中南林业调查规划, 2003, 22(4): 8 – 11.

张海军, 张娟. 利用PDA和3S技术实现森林资源调查工作的无纸化[J]. 林业工程, 2008, 24(3): 39 – 40.

张会儒, 唐守正. 德国森林资源和环境监测技术体系及其借鉴[J]. 世界林业研究, 2002, 15(2): 63 – 70.

张骏，袁位高，葛滢，等. 浙江省生态公益林碳储量和固碳现状及潜力[J]. 生态学报，2010，14：3839－3848.

张茂震，王广兴，刘安兴. 基于森林资源连续清查资料估算的浙江省森林生物量及生产力[J]. 林业科学，2009，9：13－17.

赵宪文，李崇贵，斯林，等. 基于信息技术的森林资源调查新体系[J]. 北京林业大学学报，2002，9(2)：147－155.

郑小贤. 德国、奥地利和法国的多目的森林资源监测述评[J]. 北京林业大学学报，1997，19(3)：79－84.

周昌祥，石军南，刘龙惠，等. 德国、瑞士森林资源监测技术考察报告[J]. 林业资源管理，1994，16(4)：74－80.

周国模，姜培坤. 毛竹林的碳密度和碳贮量及其空间分布[J]. 林业科学，2004，06：20－24.

周玉荣，于振良，赵士洞. 我国主要森林生态系统碳贮量和碳平衡[J]. 植物生态学报，2000，05：518－522.

朱胜利. 国外森林资源调查监测的现状和未来发展特点[J]. 林业资源管理，2001，23(2)：21－26

Jack Nutting，Dave Wooldridge，David Mark. 盛海艳，曾少宁，李光洁等译. iPAD 开发基础教程[M]. 北京：人民邮电出版社，2011.

Andreae M. O.，Merlet P. Emission of trace gases and aerosols from biomass burning. Global Biogeochem. Cycles，2001，15(4)：955－966.

Birdsey R. A.，Plantinga A. J.，Heath L. S. Past and prospective carbon storage in United States forests. Forest Ecology and Management，1993，58(1－2)：33－40.

Biuk－Aghai R. P. A mobile GIS application to heavily resource constrained devices. Geospatial Information Science. 2004，7(1)：50－57.

Bo Eriksson. The Swedish National Forest Inventory［R］. Paper written for Meeting "National Forest Inventory System in Europe"，Albert－Ludwigs－University，Freiburg Germany. June，1985.

Ciais P，Peylin P and Bousquet P. Regional biospheric carbon fluxes as inferred from atmospheric CO_2 measurements. Ecological Applications，2000，10(6)：1574－1589.

Crutzen P. J.，Heidt L. E.，Krasnec J. P.，et al. Biomass burning as a source of the atmospheric gases CO，H_2，N_2O，NO，CH_3Cl and CO_2. Nature，1979，282：253－256.

Dc Vries W. Intensive Monitoring of Forest Ecosystems in Europe. Evaluation of the programme in view of its objectives，studiesto reach the objectives and priorities for the scientific evaluation of the data. Heerenveen，the Netherlands，Forest Intensive Monition — Coordinating Institute. 1999：40.

Del Galdo，I，Six j，Peressotti A，et al. Assessing the impact of land use change on soil C sequestration in agricultural soils by means of organic matter fractionation and stable C isotopes［J］. Glob chan Biol，2003(9)：1204－1213.

Department of Froest Resource Management and Geomatics［EB/OL］. SLU，The Swedish National Inventory of Forest，Internet：http：//www－nfi. slu. se/. 2003－05.

Dixon R. K.，Brown S，Houghton R. A.，et al. Carbon pools and flux of global forest ecosys-

tems. Science, 1994, 263: 185 – 190.

Forest Inventory and Analysis, Explore the Possiblities, USDA Forest Service North Central Research Station , http://www. ncrs. fs. fed. us/4801/morreonfial. html, 2003.

GÖran kempe, Hans Toet. The Swedish National Forest Inventory 1983 – 1987[M], Swedish University of Agricultural Sciences Department of Forest Survey, 1992.

Hagedorn F, Spinnler D, Bundt M, et al. The input and fate of new C in two forest soils under elevated CO_2[J]. Glob Chan Biol, 2003(9): 862 – 872.

ICP(ed.)Manual on methodologies for harmonized sampling, assessment, monitoring and analysis of the effects of air pollution on forests. Programme Coordinating Centres east and west of the international cooperative programme on assessment and monitoring of air pollution effects on forests. 1986, 92 – 95.

Matamala R, Gonzalez-Meler MA, Jastrow J D, et al. Impacts of fine root turn over on forest NPP and soil C sequestration potential[J]. Science, 2003, 202(5649): 1385 – 1387.

Nils – Erik Nilsson, Leif Wastenson. The Forests, National Atlas of Sweden [M]. 1993, 132 – 137.

Programme Coodinating Centres (eds.). Manual on methods and criteria for harmonized sampling, assessment, monitoring and analysis of the effects of air pollution on forests. Hamburg. 1994, 177.

Pundt H. Field data collection with mobile GIS: dependencies between semantics and data quality. GeoInformatica, 2002, 6(4): 363 – 380.

Schlesinger W. H. , Andrews J. A. Soil respiration and the global carbon cycle. Earth, 2000 (1977): 7 – 20.

Tomppo E, Gschwantner T, Lawrence M, McRoberts R E. National Forest Inventories: Pathways for Common Reporting[M]. New York: Springer, 2010.

William A. Bechtold, Paul L. Patterson ed. Forest Inventory and Analysis National Sample Design and Estimation Procedures, USDA Forest Service North Central Research Station , http://66. 147. 25. 28/statistic_ bands/stat_ documents. html, 2003 – 04 – 02.

Wood M. S. , Keightley E. K. , Lee A, Norman P. Continental forest monitoring framework, technical report – design and pilot study[R]. National Forest Inventory, Bureau of Rural Sciences, Canberra, Australia, 2006.

附件

附件 I   连续清查样地调查记录表

总体名称：_____× ×省_____   样地号：_____

样地形状：_____方形_____   样地面积：_____1亩(0.0667hm²)_____

样地地理坐标：纵：_____   横：_____   样地间距：___6km×8km___

地形图图幅号(1:5万)：_____   卫片号：_____

地方行政编码：_____   林业行政编码：_____

市：_____   林业企业局：_____

县(市、区)：_____   自然保护区：_____

乡(镇)：_____   森林公园：_____

村：_____   国有林场：_____

小地名：_____   集体林场：_____

调查员：_____   工作单位：_____

_____   _____

_____   _____

向导：_____   单位及地址：_____

检查员：_____   工作单位：_____

_____

调查日期：_____年 月 日_____   检查日期：_____年 月 日_____

一、样地定位与测设

样地号：_____ 驻地出发时间：_____ 找到样点标桩时间：_____

<table>
<tr><td colspan="5" align="center">样地引点位置图</td><td colspan="5" align="center">样地位置图</td></tr>
</table>

坐标方位角_____磁方位角_____ N ↑

引线距离_____罗差_____

引 点 定位物 （树）	名 称	编 号	方位角	水平距

样 地 西南角 位 物 （树）	名 称	编 号	方位角	水平距

引点特征说明：_____

_____

_____

_____

样地特征说明：_____

_____

_____

_____

备注：特征说明指引点或样地附近的小路、山谷、山峰、建筑物、输电线路等有利于寻找的信息。

样地引线测量记录

测 站	方位角	倾斜角	斜 距	水平距	累 计	测 站	方位角	倾斜角	斜 距	水平距	累 计

样地周界测量记录

测 站	方位角	倾斜角	斜 距	水平距	累 计	测 站	方位角	倾斜角	斜 距	水平距	累 计
						绝对 闭合差		相对 闭合差		周长 误差	

二、样地因子调查记录

1 样地号			32 沙化类型*			63 森林生态功能指数*		
2 样地类别*			33 沙化程度*			64 四旁树株数		
3 地形图图幅号			34 石漠化程度*			65 毛竹林分株数		
4 纵坐标			35 侵蚀沟崩塌面积比*			66 毛竹散生株数		
5 横坐标			36 土壤水蚀等级*			67 杂竹株数		
6 GPS 纵坐标			37 土壤风蚀等级*			68 天然更新等级*		
7 GPS 横坐标			38 土地权属*			69 地类面积等级*		
8 县(市、区)代码*			39 林木权属*			70 地类变化原因		
9 流域*			40 林种*			71 有无特殊对待*		
10 林区*			41 起源*			72 样木总株数		
11 气候带*			42 优势树种*			73 活立木总蓄积量		
12 地貌*			43 平均年龄			74 林木蓄积量		
13 海拔			44 龄组*			75 散生木蓄积量		
14 坡向*			45 产期*			76 四旁树蓄积量		
15 坡位*			46 平均胸径			77 枯损木蓄积量		
16 坡度			47 平均树(竹)高			78 采伐木蓄积量		
17 土壤名称*			48 郁闭度			79 造林地情况*		
18 土层厚度			49 森林群落结构*			80 调查日期		
19 腐殖质层厚度			50 林层结构*			81 经济林平均地径		
20 枯枝落叶层厚度			51 树种结构*			82 经济林木株(丛)数		
21 灌木覆盖度			52 自然度*			83 人工乔木幼树株数		
22 灌木高度			53 可及度*			84 工程建设措施*		
23 草本覆盖度			54 工程类别*			85 抚育状况*		
24 草本高度			55 森林类别*			86 抚育措施*		
25 植被总覆盖度			56 公益林事权等级*			87 森林抗火能力等级*		
26 地类*			57 公益林保护等级*			88 森林调洪能力等级*		
27 植被类型*			58 商品林经营等级*			89 经济区*		
28 湿地类型*			59 森林灾害类型*			90 是否非林地上森林*		
29 湿地保护等级*			60 森林灾害等级*					
30 荒漠化类型*			61 森林健康等级*					
31 荒漠化程度*			62 森林生态功能等级*					

注：(1)表内第一栏填写代码或数字，第二栏填写汉字；

(2)带＊号的因子同时用代码和文字填写，不带＊号的因子填写数字，下表同。

(3)广东省无荒漠化土地，故荒漠化类型及程度不填。

三、跨角林调查记录

1 样地号			6 林木权属*			11 郁闭度		
2 跨角地类序号	1	2	3	7 林种*			12 平均树高	
3 面积比例%			8 起源*			13 森林群落结构*		
4 地类*			9 优势树种*			14 树种结构*		
5 土地权属*			10 龄组*			15 商品林经营等级*		

注：带＊号的因子斜杠上方填写代码，斜杠下方填写文字。

四、每木检尺记录

样地号_____

样木号	立木类型	方位角	水平距(m)	检尺类型	树种名称	树种代码	胸径(cm)前期	胸径(cm)本期	采伐管理类型	林层	跨角地类序号	竹度	备注

第　页　　　　　　　　　　　　　　　　　　　　　共　　页

样地号＿＿＿＿＿＿＿＿＿＿　　　　样木定位角点＿＿＿＿＿＿＿＿＿＿

五、样木位置示意

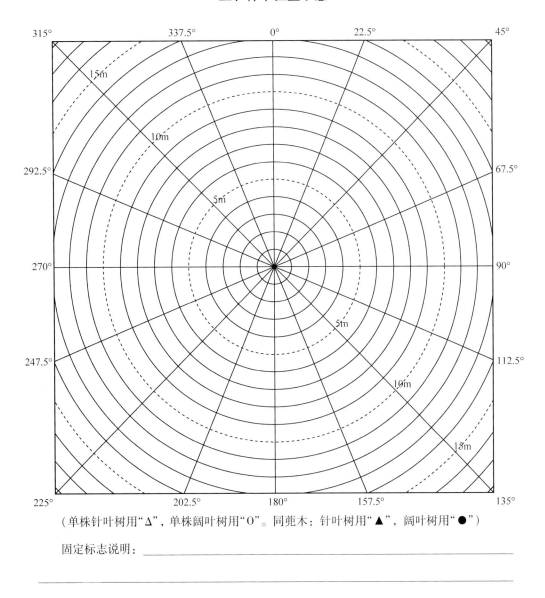

（单株针叶树用"Δ"，单株阔叶树用"O"。同蔸木：针叶树用"▲"，阔叶树用"●"）

固定标志说明：＿＿＿＿＿＿＿＿＿＿＿＿＿＿＿＿＿＿＿＿＿＿＿＿＿＿＿＿＿＿＿

＿＿＿＿＿＿＿＿＿＿＿＿＿＿＿＿＿＿＿＿＿＿＿＿＿＿＿＿＿＿＿＿＿＿＿＿＿＿＿

＿＿＿＿＿＿＿＿＿＿＿＿＿＿＿＿＿＿＿＿＿＿＿＿＿＿＿＿＿＿＿＿＿＿＿＿＿＿＿

注：包括样地标志保存，前期有无错误处理，本期标志补设，中心点暗标设置，挖定位
土坑槽等情况。

六、平均样木调查记录

样地号 _____

样木号	树种	胸径 （cm）	树高 （m）	枝下高 （m）	冠幅(m)		
					平均	东西向	南北向

七、石漠化程度调查记录

项目	石漠化程度评定因子					综合 评定
	土壤侵蚀程度	岩基裸露 （%）	植被覆盖度 （%）	坡度(°)	土层厚度 （cm）	
调查值						
评　分						

八、森林灾害情况调查记录

序号	灾害类型	危害部位	受害样木 株数百分比	受 害 等 级			
				无	轻微	中等	严重

注：危害部位分叶、枝、干，代码分别为1、2、3，采用组合代码填写，如叶、枝受危害，填写12。

九、植被调查记录（2m×2m）

样方位置：

灌 木					草 本			地 被		
名称	株数	平均高	平均地径	盖度	名称	平均高	盖度	名称	平均高	盖度

十、下木调查记录(2m×2m)

名称	高度(m)	胸径(cm)	名称	高度(m)	胸径(cm)	名称	高度(m)	胸径(cm)

十一、天然更新情况调查记录(2m×2m)

树 种	株 数			健康状况	破坏情况
	高<30cm	30≤高<50cm	高≥50cm		

十二、未成林造林地调查记录

造林年度	苗龄	初植密度(株/hm²)	苗木成活(保存)率%	抚育管护措施					树种组成	
				灌溉	补植	施肥	抚育	管护	树种	比例

十三、杂竹样方调查记录表(2m×2m)

样方编号	株数	平均胸径(cm)	平均枝下高(m)	平均竹高(m)	竹林类型	竹种
1						
2						
3						
4						
样方小计						
样地平均						

十四、复查期内样地变化情况调查记录

项目	地类	林种	起源	优势树种	龄组	植被类型
前期						
本期						
变化原因						
样地有无特殊对待及其他有关说明						
其他有关说明						

注:变化原因代码用代码填写。

附件 II 遥感样地调查记录表

一、目视判读标志调查登记表

县代码		平均胸径		卫星或传感器	
地形图幅号		平均树高		卫片号	
小地名		郁闭度		卫星过境扫描时间	
横坐标		灌木覆盖度		色调	
纵坐标		灌木平均高		亮度	
地类		草本覆盖度		形状	
海拔		草本平均高		结构	
坡向		植被类型		分布地域	
坡位		植被总覆盖度		林相外貌照片	
坡度		湿地类型		林分内部照片	
优势树种(组)		沙化类型/程度		建标日期	
平均年龄		石漠化类型		建标员	

二、2km×2km 公里网交叉点间隔样地判读因子登记表

卫片号＿＿＿＿＿＿＿＿＿＿＿＿＿＿＿＿　　　　　　地形图图幅号＿＿＿＿＿＿＿＿＿＿＿＿＿＿

县代码	横坐标	纵坐标	流域	地类	植被类型	优势树种	龄组	郁闭度	湿地类型	沙化类型	沙化程度	石漠化类型

第一判读员＿＿＿　第二判读员＿＿＿　判读日期　＿＿＿年＿月＿日　检查人＿＿＿　检查日期　＿＿＿年＿月＿日

三、2km×2km 公里网交叉点间隔遥感验证样地调查记录

地类	植被类型	优势树种(组)	龄组	郁闭度	湿地类型	沙化类型	沙化程度	石漠化程度

注：该表用代码填写，表格因子与前期保持一致。

附件Ⅲ　大样地调查记录表

一、2km×2km大样地遥感区划判读因子登记表

地块号	样地号	县代码	横坐标	纵坐标	地类	是否非林地上森林	面积	优势树种	龄组	郁闭度	判读员	判读日期	卫片获取日期

二、500m×500m验证样地区划调查记录表

所在样地号：＿＿＿＿＿＿＿　　　　县代码：＿＿＿＿＿＿＿

地块号	判读地类	面积	验证地类	是否非林地上森林	优势树种	龄组	郁闭度	备注

样地调查结束时间：＿＿＿＿＿＿＿＿＿　　　　返回驻地时间：＿＿＿＿＿＿＿＿＿

注：1. 验证地类填写地类代码至三级，面积由计算机自动求算；验证地类、是否非林地上森林、优势树种、龄组、郁闭度根据实地填写，是否非林地上森林代码是填"1"，否填"0"，其他情况填写进备注栏，面积小于0.5公顷的，可不区划；2. 验证地类及界线与判读一致的，地块号保持原编号不变；3. 验证地类与判读一致的，界线发生变化，且面积大于5%的，在遥感区划图上修正；地块号在原编号基础上拆分，如001为原编号，新地块号则为001－1、001－2、……；4. 验证地类及界线与判读不一致的，记载验证地类。

附件Ⅳ 植物多样性样地调查记录表

一、群落样方野外调查记录表——乔木层(25.82m×25.82m)

样地号: _____ 郁闭度: _____ 坡位: _____ 坡向: _____ 海拔: _____

GPSx: _____ GPSy: _____

序号	树种	胸径(cm)	序号	树种	胸径(cm)	序号	树种	胸径(cm)

二、群落样方野外调查记录表——灌木层 + 草本层(2m×2m)

样地号: _____

小样方号	种类	数量	树高(m)	盖度(%)	备注

附件 V　林业碳汇计量监测专项调查记录表

一、灌木（层）生物量调查表（2m×2m）

调查员：　　　　　　　　　　　　　　　　调查日期：　　　　年　　月　　日

样地号	样方号	优势种名	平均盖度/平均冠幅（m）	株数/丛数	平均高（m）
	−1				
	−2				
	−3				
	−1				
	−2				
	−3				
	−1				
	−2				
	−3				
	−1				
	−2				
	−3				

　　注：可计数的灌木填写灌木株数、平均盖度；丛状灌木则填写灌木丛数、平均冠幅。高度在50cm以下的灌木可不计入灌木株数。

二、灌木标准木取样记录表（2m×2m）

样地号	样方号	灌木种名	地径/冠幅（cm）	高（m）	3株标准木鲜重(g)				样品鲜重(g)			
					干	枝	叶	根	干	枝	叶	根
	−1											
	−2											
	−3											

　　注：灌木地径选择位于距离地面高度30cm处；丛状灌木按丛取样，同时测定灌丛的冠幅、高；灌木取样为3株。

三、枯落物调查表(1m×1m)

调查员：　　　　　　　　　　　　　调查日期：＿＿＿ 年 ＿＿＿ 月＿＿＿日

样地号	样方号	厚度(cm)	样方鲜重(g)	样品鲜重(g)
	-1			
	-2			
	-3			
	-1			
	-2			
	-3			
	-1			
	-2			
	-3			
	-1			
	-2			
	-3			
	-1			
	-2			
	-3			
	-1			
	-2			
	-3			
	-1			
	-2			
	-3			
	-1			
	-2			
	-3			
	-1			
	-2			
	-3			
	-1			
	-2			
	-3			
	-1			
	-2			
	-3			